Bibliografische Information der Deutschen Nationalbibliothek:

Die Deutsche Bibliothek verzeichnet diese Publikation in der Deutschen Nationalbibliografie; detaillierte bibliografische Daten sind im Internet über http://dnb.d-nb.de/ abrufbar.

Impressum:

Druck und Bindung: Books on Demand GmbH, Norderstedt Germany
ISBN: 9783668250451

Dieses Buch bei GRIN:

http://www.grin.com/de/e-book/335597/reihenuntersuchung-am-plattenprofil

Michael Dienst

Reihenuntersuchung am Plattenprofil

Variationen für Leit- und Steuertragflächen kleiner Seefahrzeuge

GRIN Verlag

Reihenuntersuchung am PLATTENPROFIL

und dessen Variationen für Leit- und Steuertragflächen kleiner Seefahrzeuge.

Michael Dienst
Berlin im Juni 2016

Forschungs- und Entwicklungsabteilugen unternehmen nicht geringe Anstrengungen, optimale Strömungsbauteile zu konzipieren, zu entwerfen, berechnen und zu simulieren. Bauteile für den Unterwasserbereich von Seefahrzeugen und insbesondere im Yachtdesign sollen hochfunktional und leistungsfähig sein. Leit- und Steuertragflächen nehmen hierbei die Sonderstellung erforderlich symmetrischer Bauteilkonstruktionen ein. Eine Rudertragfläche etwa muss in beiden Beaufschlagungsrichtungen gleichermaßen funktionieren, was hinsichtlich der Profilauswahl auf symmetrische Konturen führt. Das gilt für die bei Seefahrzeugen üblichen, im Wasser arbeitenden, regiden Flügel, als auch für elastische Tragflächen, die erst unter Belastung ihre fluidmechanisch wirksame Gestalt annehmen. Letztere wurden im Frühjahr 2016 Gegenstand unserer Betrachtungen, als wir begannen, belastungsadaptive Surfboardfinnen systematisch zu entwickeln. Wir wußten nichts über das Wellenreiten (hawaiianisch: *he'e nalu*, englisch *surfing*), nur dass es in der Regel an Küsten ausgeübt und in einer gleitenden Bewegung über die Wasserfläche besteht. In seiner ursprünglichen Weise ist das Surfen schon annähernd 4000 Jahre bekannt. In vorchristlicher Zeit (etwa 750 v. Chr.) brachen die Polynesier aus ihrer mythischen Urheimat Hawaiki auf, um den gigantischen pazifischen Siedlungsraum sicher zu befahren. Durch ihre Reisen verbreitete sich auch das Surfen in der Südsee. Moderne Surfboards unterscheiden sich in Größe und Gestalt, weisen aber gemeinsame, sinnfällige Grundmuster auf. Die Berliner Akteure der kleinen Forschungskooperation sind – was das Surfen betrifft - natürlich vollkommen unerfahren, was sich aber im Laufe der Entwicklungen ändern mag. So der Plan.

Betrachteten wir zunächst den Stand der Technik rezenter Surfboardfinnen, so war offensichtlich, dass Finnen, also Leit- und Steuertragflächen im Bereich des Hecks von Surfboards wirksam sind. Das Manövrieren erfolgt mit körperkontrollierten, dem Board aufgeprägten Bewegungen und diese wiederum durch Gewichtsverlagerung des Surfers, respektive der Surferin. Surfboardfinnen sind wahrscheinlich die elementarsten Leit- und Steuertragflächen für Seefahrzeuge überhaupt. Hierin liegt der besondere Reiz dieser

Forschung, denn die im Vorhaben anzufertigenden Modelle sind zugleich Funktionsprototypen im Maßstab 1: 1. Eine nicht hoch genug zu bewertenmde Eigenschaft. Für die Montage von unterschiedlichen Finnen an Surfboards sehen die marktführenden Hersteller verschieden standardisierte Einbauflansche vor. Die Konstruktion besteht aus wenigen Einzelteilen. In der Regel finden wir bei einem Surfboard eine Box vor, in die der fluidmechanisch wirksame Tragflügel der Finne formschlüssig eingesteckt wird (PLUG). Die meisten Hersteller bevorzugen Flansche, die primär kraftschlüssig verbinden. Für Surfboards in Fahrt und beim Manövrieren ist neben der hohen mechanischen Belastung der strömungsmechanisch wirksamen Bauteile die optimale und an Strömungs-widerständen arme Funktionsweise entscheidend für die Fahrleistung. Grundsätzlich sind bei leistungs-optimierten Seefahrzeugen vom Stand der Technik und all ihren Bauteilen Robustheit und Anpassungsfähigkeit (Resilienz), perfekte Funktion und lange Lebensdauer bei geringem Gewicht von Bedeutung. Der Finnentragflügel wird am Finnenwurzelbereich (Plug, Base, Finnen-Sockel) form- bzw. kraftschlüssig mit einem in das Surfbrett eingelassenen Finnen-Aufnehmer (Box, Finnen-Terminal) gefügt. Hierfür bieten div. Hersteller unterschiedliche Standards an. Für die nachfolgenden Untersuchungen hat uns unser Forschungspartner PROFFER (Wellington, NZ) das System *FUTURES* empfohlen. Unabhängig von Geometrien und Bauweisen für den Finnentragflügel, ist der Finnensockel ein standardisierter Rechteckprisma im Finnenwurzelbereich: Länge LS=114,5[mm], Sockel-Tiefe TS=15[mm], Dicke DS=7[mm].

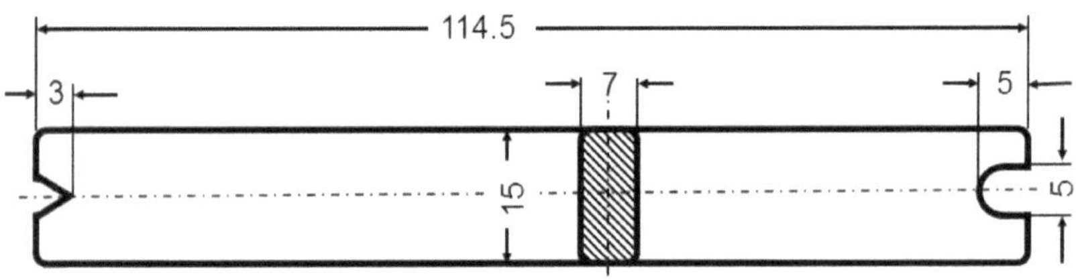

Abb. 1: Schematische Darstellung des Finnensockels in den Abmessungen des Systems *futures*[1].

Soll nun der Sockel nicht schmaler sein als der Tragflügel selbst, ergibt sich zwangsläufig eine sehr schlanke Basis für ein Profil mit einer auf die Tragflügeltiefe t bezogenen Dicke d von d/t =6%. Für den Profilentwurf von Surfboardfinnen ist dies ein erster und entscheidender Hinweis.

[1] **futures**. 5452 mcfadden ave, huntington beach, ca 92649
Support: 714-891-1695

Die Tragflächen der Surfbrettfinnen besitzen in der Regel symmetrische Profile. In Fahrt bilden symmetrisch profilierte Tragflächen dann ein Querkraft generierendes System, wenn die Anströmung nichtaxial erfolgt. Dabei ist die Variation des Lifts eines symmetrischen Profils über den Anstellwinkel selbst symmetrisch.

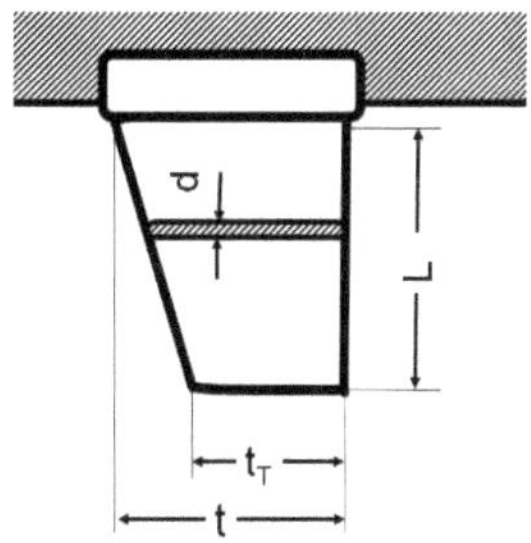

Die aus dem hydrodynamischen Auftriebsgebaren der Tragfläche resultierende Querkraft wird beim Manövrieren genutzt. Die Finne funktioniert nun als Kraft- und als Arbeitstragfläche gleichermaßen und es kommt zu einem Wechsel-wirkungsgeschehen, das durch Energieaustausch gekennzeichnet ist. Wie wird nun die zum Manövrieren erforderliche Energie übertragen? Krafttragflächen sind fluidmechanisch wirksame Tragflügel die dem bewegten umgebendem Fluid vornehmlich Energie entziehen; Arbeitstragflächen hingegen sind fluidmechanisch wirksame Tragflügel die vornehmlich Energie in ein umgebendes Fluid einkoppeln. Und eine Finne ist beides, kann beides tun. Das zum Lenken und Manövrieren erforderliche „Anfangsmoment“ stammt aus den Körperbewegungen des Surfers, der Surferin. Sobald die Strömung an einer symmetrischen Finne einen gewissen Geschwindigkeitsanteil in Querrichtung enthält, arbeitet diese profilierte (Kraft-) Tragfläche sich in ihrer physikalischen Wirkung selbst verstärkend, also „auto-reaktiv“. Diese wunderbare Eigenschaft kennzeichnet das „Wesen eines Tragflügels“ und ist systeminhärent. Sie ist quasi sein Erfolgsrezept. Von der Güte einer Leit- und Steuertragfläche hängt auch die Intensität und Bandbreite dieser „wesentlichen“ Eigenschaft ab. Nicht ausschließlich, aber in der überwiegenden Anzahl aller Produktentwicklungen ist eine möglichst große Intensität tragender Anteil der Entwicklungs- und Gestaltungsabsicht, des Design Intends. Die Querkraftleistung einer Kraft- und Arbeitstragfläche kennzeichnende Auftriebsgebaren einer Profilkontur wird von einer Vielzahl von Konstruktions- und Betriebs-parametern bestimmt. Neben der Querkraftleistung einer Kraft- und Arbeitstrag-fläche interessieren die Verluste im Betrieb. Im Allgemeinen setzt sich der strömungs-mechanische Widerstand einer voll getauchten Leit- und Steuerflächen aus Partial-widerständen, den Reibungs- und Formwiderstandsanteilen zusammen. Surfboardfinnen gehören zum Lateralplan und bilden mit symmetrischem Profil genau dann einen fluiddynamisch wirksamen Tragflügel aus, wenn eine nichtaxiale Anströmung gegeben ist, wie oben beschrieben. Für das Flügelende der Finnen, insbesondere den Randbogen (die Kontur des vom Surfbrettkörper abweisenden, freien Surfbrettfinnen-Flächenendes), sind unterschiedliche Formen bekannt. Liegt nun der Schwerpunkt der Entwicklungsarbeit in die Erhöhung der Querkraftleistung der Tragflügelfläche, liefert eine (größer) skalierte Tragfläche bei gleichem Strömungsprofil mehr Querkraft.

Ist die Skalierung nichtisotrop, wird etwa die Umrissgestalt und/oder der Schlankheitsgrad der Tragfläche variiert, ändert sich das Bild. Bei konstanter, gleichbleibender Tragflügelgestalt, kann der Konstrukteur Einfluss nehmen auf die Oberflächenbeschaffenheit. Für schlanke Körper wie Tragflügel, ist der Anteil der Reibung erheblich. Reibung wird in erster Linie durch den Charakter der wandnahen Strömung bestimmt; diese kann laminar oder turbulent sein.

In Fahrt und beim Manövrieren ist die Fähigkeit einer Tragfläche entscheidend, eine nicht axiale Anströmung in Querkrafterhöhung umzusetzen. Einer symmetrischen Surfboardfinne vom Stand der Technik gelingt das gut, einer Finne mit nichtsymmetrischem Tragflügelprofil gelingt das besser (immer dann, wenn sie von der „richtigen" Seite angeströmt wird). Es ist sinnfällig, dass eine symmetrische Leit- und Steuertragfläche bestens geeignet ist, eine beidseitig Beaufschlagung auch in beide Richtungen gleicherweise zu beantworten; nennen wir es „querkraftfreien Betrieb" einer Finne beim Geradeausfahren: die neutrale Phase.

Die wenigen uns physisch vorliegenden Finnen tragen Profile, die wir nicht kennen. Für die Profile rezenter Surfboardfinnen wird in der Literatur und insbesondere bei den Praktikern auf NACA-Profilreihen verwiesen[2]; und tatsächlich weist das von einer Finne der Firma FUTURES abgeformte Profil eine hinreichende Übereinstimmung mit einem Profil aus der vierstelligen NACA-Reihe auf. Für ein Finnenprofil mit einer auf die Tragflügeltiefe t bezogenen Dicke d von d/t =6% finde ich gesicherte Leistungsdaten für das Profil NACA 0006 in der einschlägigen Literatur (vergleiche: Ira H. Abbott, Albert E. von Doenhoff: Theory of Wing Sections [Abbo-59]) und erkläre dieses Profil zum Stand der Technik von Surfboardfinnen. Gleichzeitig fungiert die Profilkontur NACA0006 als Referenzsystem in der nachfolgenden Untersuchung.

Reihenuntersuchungen. Die unverformte Plattenprofilkontur.

Die im Frühjahr 2016 anlaufende Forschung an nichtrigiden, elastisch-strömungsadaptiven Finnentragflügeln legte die Idee nahe, das etablierte und gut untersuchte Profil NACA 0006 zum Ausgangspunkt, wenn nicht sogar zum Standard der Berliner Entwicklungen zu machen. Das gegenüber dieser sehr eleganten Profilkontur schon fast vulgär anmutende Plattenprofil – gemeint ist eine ebene Kontur mit gerundetem Bug (r=d/2) und angespitztem Heck (s=d) - wurde nur deshalb in Betracht gezogen, weil nach unserem Erfahrungen mit

---

[2] http://users.tpg.com.au/users/mpaine/thesis.html#nacadata

anderen Leit- und Steuertragflächen von Seefahrzeugen die ebene Platte durchaus als etabliert gelten darf, wir diesen Umstand aber bisher eher mit fertigungstechnischen Belangen erklärt haben. Wir sollten eines besseren belehrt werden.

Für die Berechnungen steht ein leistungsfähiges, auf der Potentialtheorie basierendes und mit einem Reibungsansatz erweitertes CFD-Programmsystem der Firma MH Aerotools[3] zur Verfügung, das auch graphische Darstellungen der Umströmung der untersuchten Tragflächenprofile generiert. [W-4][W-5].

Untersucht und Standardprofilen gegenübergestellt werden Plattenprofil-konturen und deren Variationen mit Dicke d, der Wölbung f und Wölbungsrücklage xf. Die Nase des Profils ist verrundet, das Heck angespitzt. Die deformierte Platte verwendet die NACA 4er Wölbungslinie. Bezogen auf die Profiltiefe t folgt die Spezifikation für das Plattenprofil: **Platte[Dicke, d/t] [Wölbung, f/t] [Wölbungsrücklage, xf/t].** Ein Profil PLATTE 061030 beispielsweise besitzt eine Profildicke von 6%, eine Wölbung von 10% und das Wölbungsmaximum, also die Wölbungsrücklage, befindet sich auf der Höhe von 30% der Horizontalkoordinate. Das Profil PLATTE 060000 ist eine ebene Platte.

Die referentiellen NACA-Konturen entstammen der so genannten 4er-Reihe der NACA Profilserien und besitzen die Spezifikation: **NACA [Wölbung, f/t] [Wölbungsrücklage, xf/t][Dicke, d/t]**. Ein Profil NACA5306 der 4er-Reihe heißt eigentlich NACA 05 30 06 und besitzt eine Profildicke von 6% bei einer Wölbung von 5%, die ihr Maximum auf der Höhe von 30% der Horizontalkoordinate hat. Die Konturkoordinaten entnehmen Sie bitte den Tabellen im Anhang.

Die ebene Platte als Profilkontur PLATTE 000006 für die Leit- und Steuertragfläche eines Seefahrzeugs begeistert auf den ersten Blick keineswegs. Zu sehen in der Graphik, Abb.1. Bemerkenswert ist die so genannte „Widerstandsdelle“ die – insbesondere für Rudertragflächen als äußerst nützlich beschrieben (vergleiche F. Bethwaite) deren Einbruch dem an der Profiloberseite einsetzenden Stall phänomenologisch eindeutig zugeordnet werden kann. Im Bereich bis zu einem Anstellwinkel von etwa α_{STALL}=10[°] ist der Widerstandsbeiwert nahezu konstant $c_W < 0.005$.

[3] MH Aerotools: Dr. Martin Hepperle, Braunschweig, Germany was Assistant at Prof. Dr. R. Eppler's Institute A of Mechanics at the University of Stuttgart, later Scientific staff member at the Institute of Aerodynamics and Fluid Technology at the DLR in Braunschweig. *JavaFoil* is a new implementation of the previous *CalcFoil* program, written for web pages using the "C" language.

Symbolik, abgeleitete Größen und Kennwerte in der Profilanalyse

Tragflügellänge	b	[m]	
Profiltiefe (chord length, c)	t	[m]	
generalisierte x-Koordinate	x/l	[%]	
generalisierte y-Koordinate	y/l	[%]	
generalisierte (Kontur-) Geschwindigkeit	v/V	[%]	
Profildicke	d/t	[%]	
Profilwölbung	f/t	[%]	
Wölbungsrücklage	xf/t	[%]	
Nasenradius	r/t	[%]	
Hinterkantenwinkel	τ	[°]	
überströmte Fläche des Flügels	A	[m²]	$A = b \cdot t$
Seitenverhältnis (Flügel)	λ	[-]	$\lambda = A/b^2$
Auftriebsbeiwert (LIFT-Koeffizient)	C_L	[-]	
Widerstandsbeiwert (DRAG-Koeffizient)	C_d	[-]	
Momentenbeiwert MOMENT-Koeffizient)	C_m	[-]	
Druckbeiwert (pressure coefficient)	C_p	[-]	
kritischer Druckbeiwert [4]	C_p*	[-]	
Reibungsbeiwert (local friction coefficient)	C_f	[-]	
Geschwindigkeit in [m/s],	v, w	$[ms^{-1}]$	
Schallgeschwindigkeit (speed of sound)	a	$[ms^{-1}]$	
Auftrieb, Querkraft, Lift	L	[N]	$L = c_a \cdot A \cdot v^2 \cdot \rho/2$
Formwiderstand	W_F	[N]	$W_F = c_w \cdot A \cdot v^2 \cdot \rho/2$
Reibungswiderstand	W_R	[N]	$W_R = c_r \cdot A \cdot v^2 \cdot \rho/2$
induzierter Widerstand	W_I	[N]	$W_I = c_I \cdot A \cdot v^2 \cdot \rho/2$
Beiwert glatte Oberfläche, laminar	c_r	[-]	$c_r = 1{,}327 \cdot (Re)^{-1/2}$
Beiwert glatte Oberfläche, turbulent	c_r	[-]	$c_r = 0{,}074 \cdot (Re)^{-1/5}$
Beiwert rauhe Oberfläche, turbulent[5]	c_r	[-]	$c_r = 0{,}418 \cdot (2+\lg(t/k))^{-2{,}53}$
Beiwert des induzierten Widerstands[6]	c_I	[-]	$c_I = \lambda\, c_a^2 / P$
Liftleistung	P_L	[W]	$P_L = L \cdot v$
Widerstandsleistung	P_{WI}	[W]	$P_{WI} = (W_F + W_R + W_I) \cdot v$
Konturposition	x	[m]	
Lokale Reynolds-Zahl Re_X	[-]	$Re_X = Re\delta\_2$	$= v_\infty \cdot x / \mathbf{n}$
Verdrängungsdicke, Grenzschichtdicke[7]	δ_1	[m]	
Grenzschichtdicke (laminar)[8] $\delta_2=$	δ_{LAM}	[m]	$\delta_{LAM} = 5{,}0 \cdot (Re_X)^{-1/2} \sim x^{1/2}$
Grenzschichtdicke (turbulent)[9]h $\delta_3=$	$\delta_{TURB.}$	[m]	$\delta_{TURB} = k(x) \cdot (Re_X)^{-1/2} \sim x^{0.8}$
Konturbeiwert (shape factor12)	H_{12}	[-]	$H_{12} = \delta_1/\delta_2$
Konturbeiwert (shape factor32)	H_{32}	[-]	$H_{32} = \delta_3/\delta_2$

ULT_{LOWER}	Umschlagpunkt, Transition: laminar-turbulent, lower surface
ULT_{UPPER}	Umschlagpunkt, Transition: laminar-turbulent, upper surface
ABP_{LOWER}	Ablösepunkt, Separation, lower surface
ABP_{UPPER}	Ablösepunkt, Separation, upper surface

[4] kritischer Druckbeiwert [4] (critical pressure coefficient ind. supersonic flow) C_p*

[5] Angabe der Rauhigkeit k in [m]. z.B. gilt als glatt: k= 0,001[mm] = 10^{-3} [mm] = 10^{-6} [m].

[6] gemäß elliptischer Auftriebsverteilung nach Prandtl

[7] Grenzschichtdicke (displacement thickness) δ_1

[8] auch ImpulsverlustDicke (momentum loss thickness)

[9] Dicke der turbulenten Grenzschicht (ebene Platte) $\delta_{TURB.} = k(x)(Re_X)^{-1/2}$. Der empirische Faktor k entspricht der Ordinate k=y(x), im Falle der ebenen Platte. Auch EnergieDickenbeiwert (energy loss thickness)

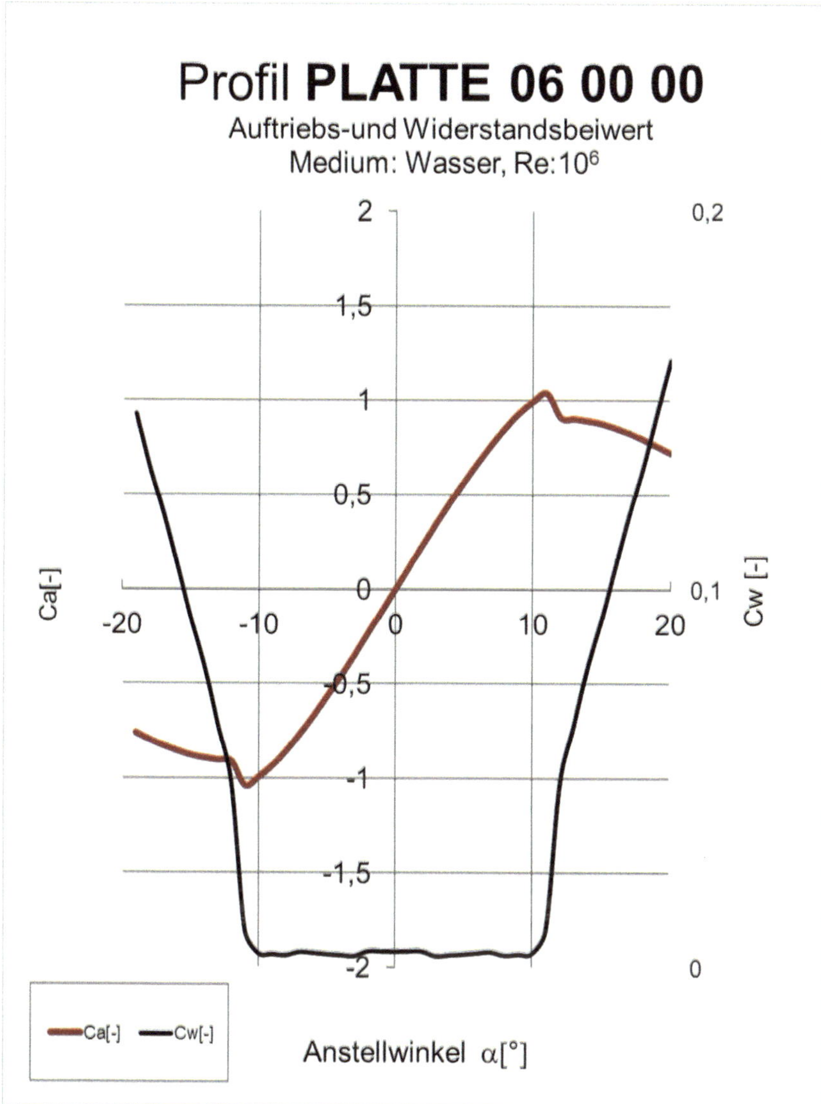

Abb.1: Querkraft- und Widerstandskoeffizient über Anströmwinkel für eine Plattenprofilkontur mit einer Dicke von 6% ohne Wölbung.

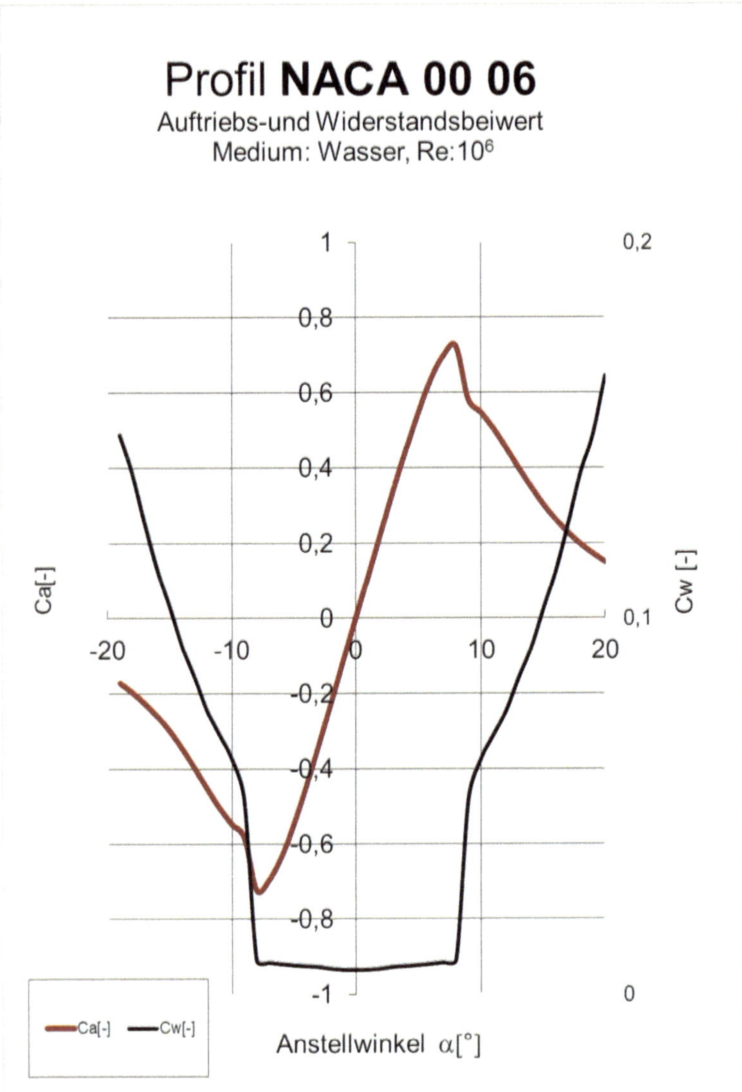

Abb.2: Querkraft- und Widerstandskoeffizient über Anströmwinkel für ein NACA-Profil der 4er Serie mit einer Dicke von 6% ohne Wölbung.

Das referentielle Profil der NACA 4er-Serie NACA 0006 besitzt einen etwas geringeren Lift als das Plattenprofil und bricht bei einem Strömungs-Anstellwinkel α_{STALL}= 8[°] ein. Die Platte erweist sich also als robust und mit einem Querkraftüberschuss von (nicht geringen) Δc_a > 30%. Der Widerstandskoeffizient c_W des NACA-Referenzprofils ist etwa mit dem des Plattenprofils vergleichbar, wenn auch geringfügig höher. Da der Stallwinkel der ebenen Platte mit α_{STALL}> 8[°] deutlich besser ist als jener des Standard-Profils, ist auch der Widerstandseinbruch bei größeren Anstellwinkeln zu verzeichnen.

Wohlgemerkt: wir befinden uns immer auf dem Feld der rigiden, symmetrisch profilierten Tragflügel für Surfboardfinnen vom Stand der Technik. Verwendet der Konstrukteur bei der Auslegung seiner Finne nicht das Standard-Profil NACA0006 sondern sägt sich eine Finnenkontur aus der Sperrholzplatte, darf er diese mit einer tragenden Fläche ansetzen, die um etwa 1/3 kleiner als jene der Standard-Finne. Die benetzte Fläche (sie ist ja genau die Hälfte der tragenden Fläche) verkleinert sich ebenfalls linear um 1/3 und damit der Reibungs-widerstand der Finne. Spielverderber bleibt (wie immer) der induzierte Widerstand, der mit dem Lift-Koeffizienten korreliert und von der Gestalt, insbesondere dem Schlankheitsgrad der Finnengeometrie abhängt. In der Summe ein spürbarer Vorteil für die Vulgärkonstruktion. Das kommt – zumindest aus meiner Sicht - unerwartet[10] und sogar ungelegen. Haben in der Vergangenheit nicht selten Fertigungsbelange den Fortgang einer Forschung verlangsamt, sind wir heute in der glücklichen Position und Lage, Technik- und Technologie-Demonstratoren direkt aus dem 3D-Drucker zu generieren. Aber: kein Ästhet möchte ebene Platten drucken, wenn er auch NACAs kann. So steht unsere hübsche Theorie-Finne erst mal neben der „Konturen-Bibel" im Bücherregal.

Die deformierte Plattenprofilkontur

Die Idee dieser Reihenuntersuchung ist die Ordnung der Prämissen unserer rezenten Forschung zu strömungsadaptiven Tragflächenstrukturen. Die „CARPO-Finne" nach dem Vorbild der Mittelhandknochen der Wirbeltiere, speziell der Delfinhand, ist (theoretisch) in der Lage den über die Fläche verteilten Strömungsdruck bei nichtaxialer Anströmung in eine Wölbverformung der Tragflügelfläche umzusetzen. Die Geometrieänderung der fluidisch beaufschlagten Leit- und Steuertragfläche des Seefahrzeugs erfolgt

[10] ...wie manches andere heute: gerade hat Island die Engländer bei der EM in F vorgeführt; unerwartet.

autonom und selbstständig ohne Ansteuerung durch artifizielle (Regel-) Systeme, beziehungsweise ohne kognitive Prozesse des Lebewesens. Wir sprechen von strömungsadaptiven Fluidsystemen.

Die Querkraft eines rigiden Tragflügels mit Plattenprofilkontur ist keineswegs beeindruckend. Erst unter der Prämisse der Schlankheit der Profilkontur, im untersuchten Fall ist eine Dicke von d/t = 6.0 festgeschrieben, erscheint das Plattenprofil im Vergleich mit Standardprofilen konkurrenzfähig.
In Fahrt kann sich die Querkraft einer (in geeignetem Winkel) angeströmten Tragfläche erheblich vergrößern, wenn sie sich der Strömung anformt. Dieser Effekt ist von Segelmembranen im Medium Luft bekannt und funktioniert als fluidmechanisches Phänomen bei (Kraft- und) Arbeitstragflügeln die im Wasser wirken. Stellen wir nunmehr aussenvor, woher diese geometrische Eigenschaft der Belastungs- Gestaltänderungsadaption der Arbeitstragfläche stammt, untersuchen wir nachfolgend den Einfluss der Formänderung auf die Leistungsfaktoren oder kurz: welche Wirkung hat die Wölbungsvariation einer (im unbelasteten Zustand) ebenen Plattenkontur auf das Querkraft- und Widerstandsgebaren für unterschiedliche Strömungswirklichkeiten (Medium Wasser, Re: 10E6, Variation der Anströmwinkel).

Die Spezifikation der deformierbaren Plattenprofilkontur mit variabler [Dicke, Wölbung und Wölbungsrücklage sei: PLATTE PLATTE [d/t][f/t][xf/t].
Die deformierte Platte sei an der Profilnase regelverrundet, am Heck angespitzt und verwendet in Deformation die Wölbungslinie der vierstelligen NACA-Serie.

Geometrie- Variation: WÖLBUNG der Profilkontur PLATTE[d/t][f/t][xf/t]					
d/t = 6%	xf/t = 20%	xf/t = 30%	xf/t = 40%	**xf/t** = 50%	xf/t = 60%
f/t = 3%	P06 03 20	P06 05 30	P06 03 40	**P06 03 50**	P06 03 60
f/t = 4%	P06 04 20	P06 04 30	P06 04 40	**P06 04 50**	P06 04 60
f/t = 5%	**P06 05 20**	**P06 05 30**	**P06 05 40**	**P06 05 50**	**P06 05 60**
f/t = 8%	P06 08 20	P06 08 30	P06 08 40	**P06 08 50**	P06 08 60
f/t = 10%	P06 10 20	P06 10 30	P06 10 40	**P06 10 50**	P06 10 60

Die Tabelle zeigt eine Variationsmatrix für reguläre Plattenprofilkonturen (Profilnase verrundet, Heck angespitzt) der Dicke (d/t = 6%) für die Parameter „spezifische Wölbung (f/t)" und „spezifische Wölbungsrücklage (xf/t)". Zur Untersuchung kamen zunächst Profilkonturen, deren Wölbungsrücklage auf 50 der Profiltiefe liegt.

Platte (ohne Wölbung) P06 00 50 Re: 10E6, Wasser

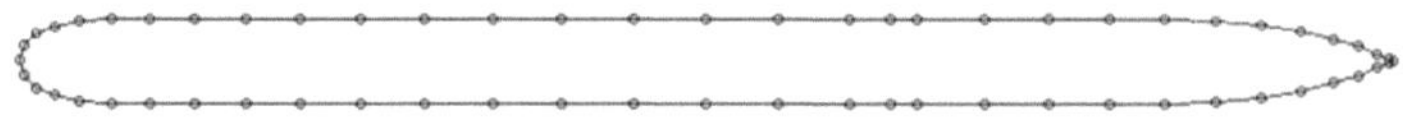

Platte P06 02 50 Re: 10E6, Wasser

Platte P06 05 50 Re: 10E6, Wasser

Platte P06 08 50 Re: 10E6, Wasser

Platte P06 10 50 Re: 10E6, Wasser

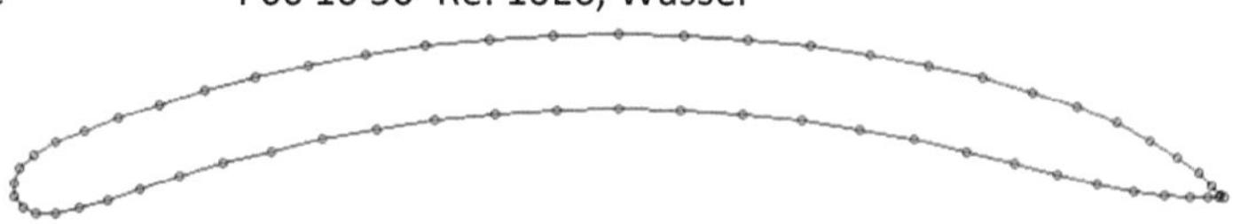

Abb.3: Plattenprofil mit einer Dicke von 6% unter Variation der Wölbung bei konstanter Wölbungsrücklage von (xf/t) = 50%

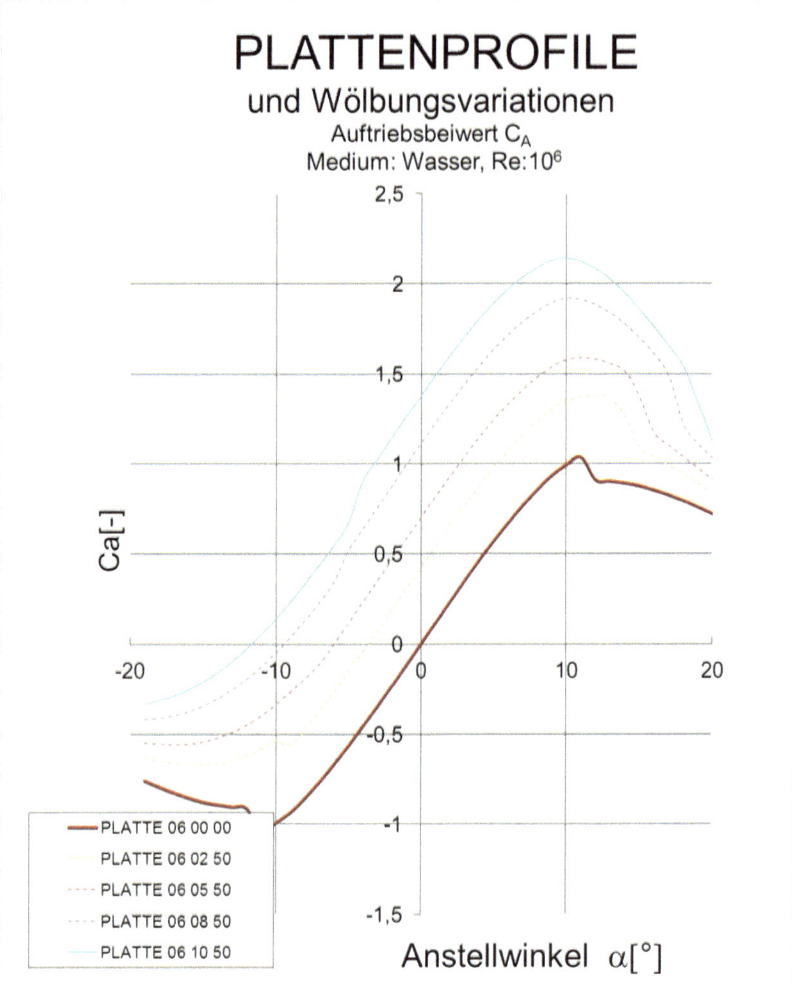

Abb.4: Querkraftkoeffizient über Anströmwinkel für ein Plattenprofil mit einer Dicke von 6% unter Variation der Wölbung bei konstanter Wölbungsrücklage.

In der Graphik Abb.4. sind die Berechnungsergebnisse für den Querkraftkoeffizienten der Grundkonfiguration des Profils PLATTE 06 00 00 sowie deren Variationen hins. des Parameters Wölbung (f/t) bei konstanter Wölbungsrücklage (xf/t=50%) dargestellt. Physikalisch bedingt sind die c_A-Kurven der nunmehr nichtsymmetrischen Profilkonturen selbst asymmetrisch. Auffällig ist zunächst der absolute Wert des Lift-Koeffizienten einer gewölbten Platte mit einer Krümmung von 10% von $c_{a,STALL}$ > 2.0. bei einem Stallwinkel mit α_{STALL} = 10[°].

Eine spezifische Wölbung f/t =5% der Tragfläche genügt um eine Erhöhung der Querkraftkoeffizienten von 50% gegenüber dem symmetrischen Profil zu bewirken. Die deformierten Geometrien der der Grundkonfiguration des Profils PLATTE 06 00 00 sind in der Graphik Abb. 3 dargestellt.

Wir verschieben jetzt den Ort, an dem das Maximum der Krümmung der Profilseele erreicht wird, die Wölbungsrücklage des Profils.

Geometrie- Variation: WÖLBUNG der Profilkontur Platte Platte[d/t][f/t][xf/t]					
d/t = 6%	xf/t = 20%	xf/t = 30%	xf/t = 40%	**xf/t** = 50%	xf/t = 60%
f/t = 3%	P06 03 20	P06 05 30	P06 03 40	**P06 03 50**	P06 03 60
f/t = 4%	P06 04 20	P06 04 30	P06 04 40	**P06 04 50**	P06 04 60
f/t = 5%	**P06 05 20**	**P06 05 30**	**P06 05 40**	**P06 05 50**	**P06 05 60**
f/t = 8%	P06 08 20	P06 08 30	P06 08 40	**P06 08 50**	P06 08 60
f/t = 10%	P06 10 20	P06 10 30	P06 10 40	**P06 10 50**	P06 10 60

Die Tabelle zeigt eine Variationsmatrix für reguläre Plattenprofilkonturen (Profilnase verrundet, Heck angespitzt) der Dicke (d/t = 6%) für die Parameter „spezifische Wölbung (f/t)" und „spezifische Wölbungsrücklage (xf/t)". Zur Untersuchung kamen Profilkonturen mit konstanter Krümmung f/t = 5%, deren Wölbungsrücklage variiert.

In der Abbildung Abb.5. sind die geometrischen Variationen deder Profilkonturen dargestellt, die Graphik Abb.6 zeigt Berechnungsergebnisse für die Querkraftkoeffizienten über den Anströmwinkel für ein Plattenprofil mit einer Dicke von 6% unter Variation der Wölbungsrücklage bei konstanter Wölbung von f/t = 5% dar.

Die Kurvenschar ist nicht einfach zu interpretieren. Vorteilhaft erscheint zunächst das Profil, dessen Krümmung einen bugwärtigen Scheitelpunkt bei einer horizontalen Koordinate von xf/t=20% hat (PLATTE 060520); alle anderen Variationen fallen bezüglich des Liftkoeffizienten hinter diese Kontur zurück. Wie später noch erklären sein wird, ist die bugnahe Wölbungsrücklage von 20% eine für die Konstruktion von flexiblen Finnen wenig attraktive Konfiguration.

Platte P06 05 20 Re: 10E6, Wasser

Platte P06 05 30 Re: 10E6, Wasser

Platte P06 05 40 Re: 10E6, Wasser

Platte P06 05 50 Re: 10E6, Wasser

Platte P06 05 60 Re: 10E6, Wasser

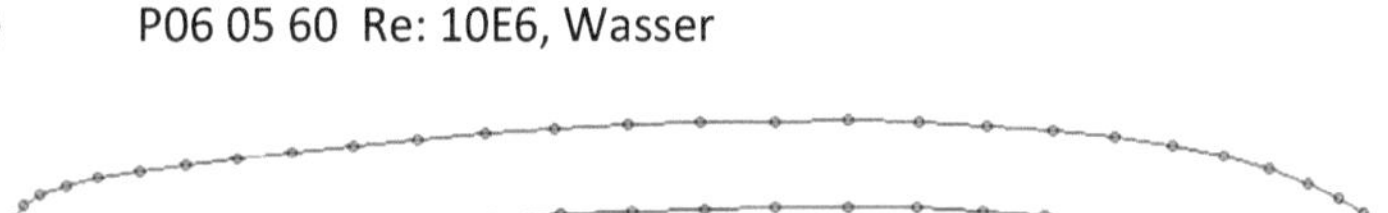

Abb.5: Plattenprofil mit einer Dicke von (d/t) = 6% unter Variation der Wölbungsrücklage bei konstanter Wölbung von (f/t) = 5%.

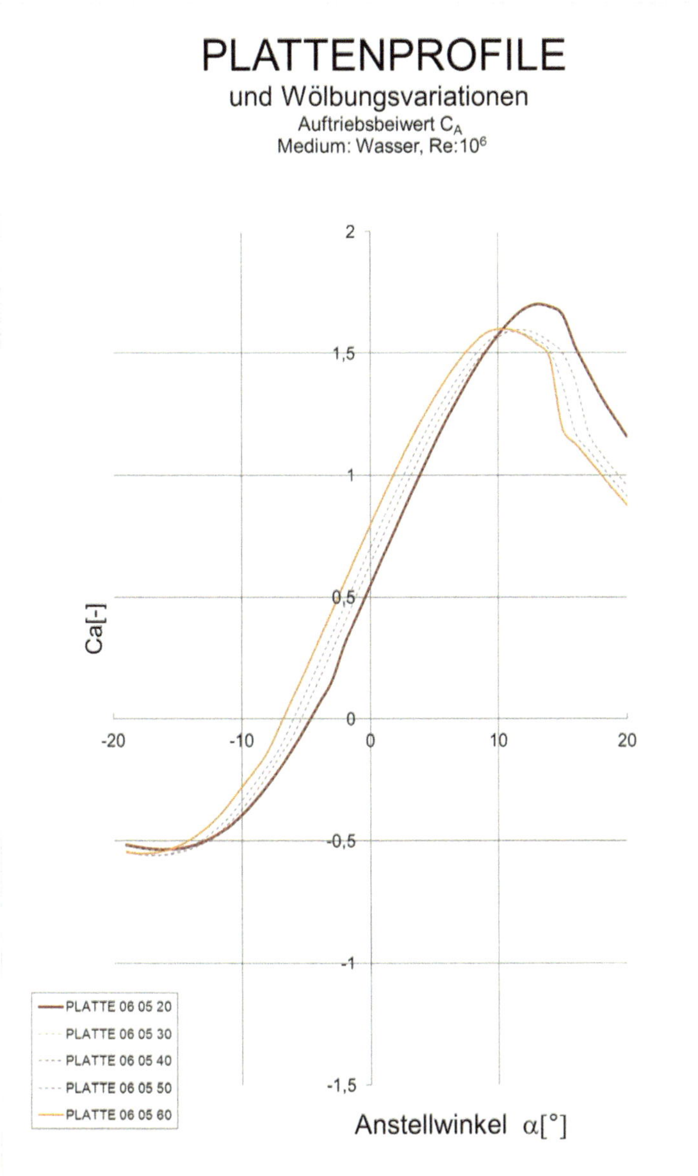

Abb.6: Querkraftkoeffizient über Anströmwinkel für ein Plattenprofil mit einer Dicke von 6% unter Variation der Wölbungsrücklage bei konstanter Wölbung.

Die Variationen der Plattenprofile verwenden die Krümmungslinie der NACA-Standardprofile. Die Dickenrücklage aller Variationen der 4er-Serie der NACA-Standardprofile liegt mit 30% fest. Das macht eine Untersuchung des Auftriebs- und Widerstandsgebarens vergleichbarer Plattenprofilkonturen der Serie P06xy30 interessant. Aufgrund der Strömungswirklichkeit (Transition in der Grenzschicht) und konstruktionsbedingt könnten - unabhängig von der Profilauswahl - bei flexiblen Finnentragflächen Wölbungs- und Dickenrücklage zusammenfallen.

Geometrie- Variation:	WÖLBUNG der Profilkontur Platte			Platte[d/t][f/t][xf/t]	
d/t = 6%	xf/t = 20%	xf/t = 30%	xf/t = 40%	**xf/t** = 50%	xf/t = 60%
f/t = 3%	P06 03 20	**P06 05 30**	P06 03 40	P06 03 50	P06 03 60
f/t = 4%	P06 04 20	**P06 04 30**	P06 04 40	P06 04 50	P06 04 60
f/t = 5%	P06 05 20	**P06 05 30**	P06 05 40	P06 05 50	P06 05 60
f/t = 8%	P06 08 20	**P06 08 30**	P06 08 40	P06 08 50	P06 08 60
f/t = 10%	P06 10 20	**P06 10 30**	P06 10 40	P06 10 50	P06 10 60

Die Tabelle zeigt die Variationsmatrix für reguläre Plattenprofilkonturen (Profilnase verrundet, Heck angespitzt) der Dicke (d/t = 6%) für die Parameter „spezifische Wölbung (f/t)" und „spezifische Wölbungsrücklage (xf/t)". Zur Untersuchung kamen Profilkonturen mit konstanter Wölbungsrücklage xf/t= 30%, deren Krümmung variiert. Dies ist aus der Graphik Abb. 8. zu ersehen.

Hinsichtlich des Lifts über verschiedene Anströmwinkel ist das untersuchte Profil mit der größten Wölbung allen andern Profilkonturen überlegen. Diese Linearität der Querkraftentwicklung ist keineswegs üblich bei fluidisch wirksamen, Auftrieb erzeugenden Tragflächen.

d/t = 6%	xf/t = 20%	xf/t = 30%	xf/t = 40%	xf/t = 50%
f/t = 0%		NACA 00 00 06		
f/t = 3%		NACA 03 30 06		
f/t = 4%		NACA 04 30 06		
f/t = 5%	NACA 05 20 06	NACA 05 30 06	NACA 05 40 06	NACA 05 50 06
f/t = 8%		NACA 08 30 06		
f/t = 10%		NACA 10 30 06		

Die Tabelle zeigt die Variationsmatrix für Profile der vierstelligen NACA-Profilserie der Dicke (d/t = 6%) für die Parameter „spezifische Wölbung (f/t)" und „spezifische Wölbungsrücklage (xf/t)". Zur Untersuchung kamen Profilkonturen mit konstanter Wölbungsrücklage xf/t= 30%, deren Krümmung variiert. Das zugehörige Diagramm der Querkraftverläufe zeigt die Graphik Abb.10.

Platte (ohne Wölbung) P 06 00 30 Re: 10E6, Wasser

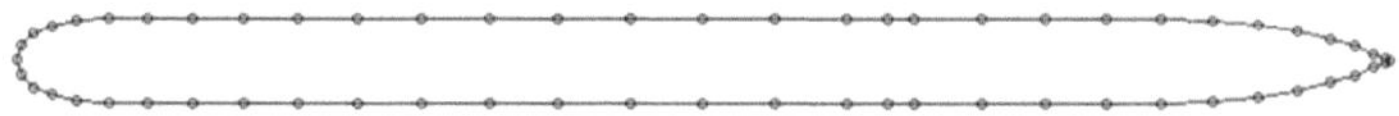

Platte P06 03 30 Re: 10E6, Wasser

Platte P06 04 30 Re: 10E6, Wasser

Platte P06 05 30 Re: 10E6, Wasser

Platte P06 08 30 Re: 10E6, Wasser

Platte P06 10 30 Re: 10E6, Wasser

Abb.7: Plattenprofil mit einer Dicke von (d/t) = 6% unter Variation der Wölbungsrücklage bei konstanter Wölbung von (f/t) = 5%.

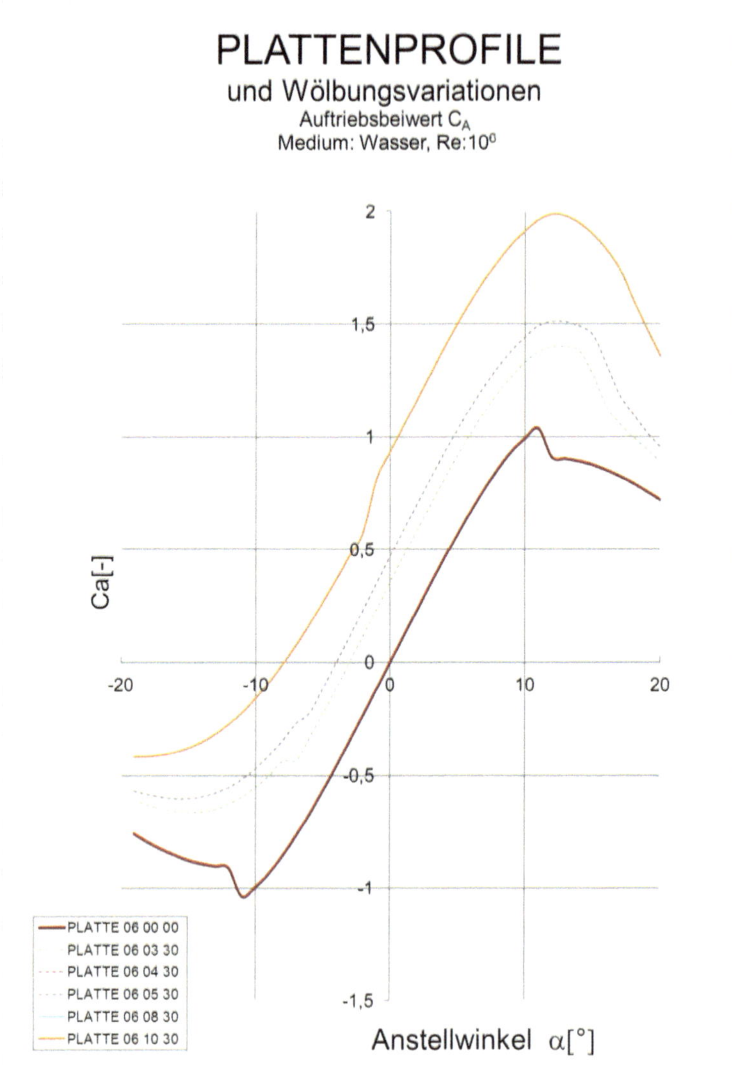

Abb.8: Querkraftkoeffizient über Anströmwinkel für ein Plattenprofil mit einer Dicke von 6% unter Variation der Wölbung bei konstanter Wölbungsrücklage.

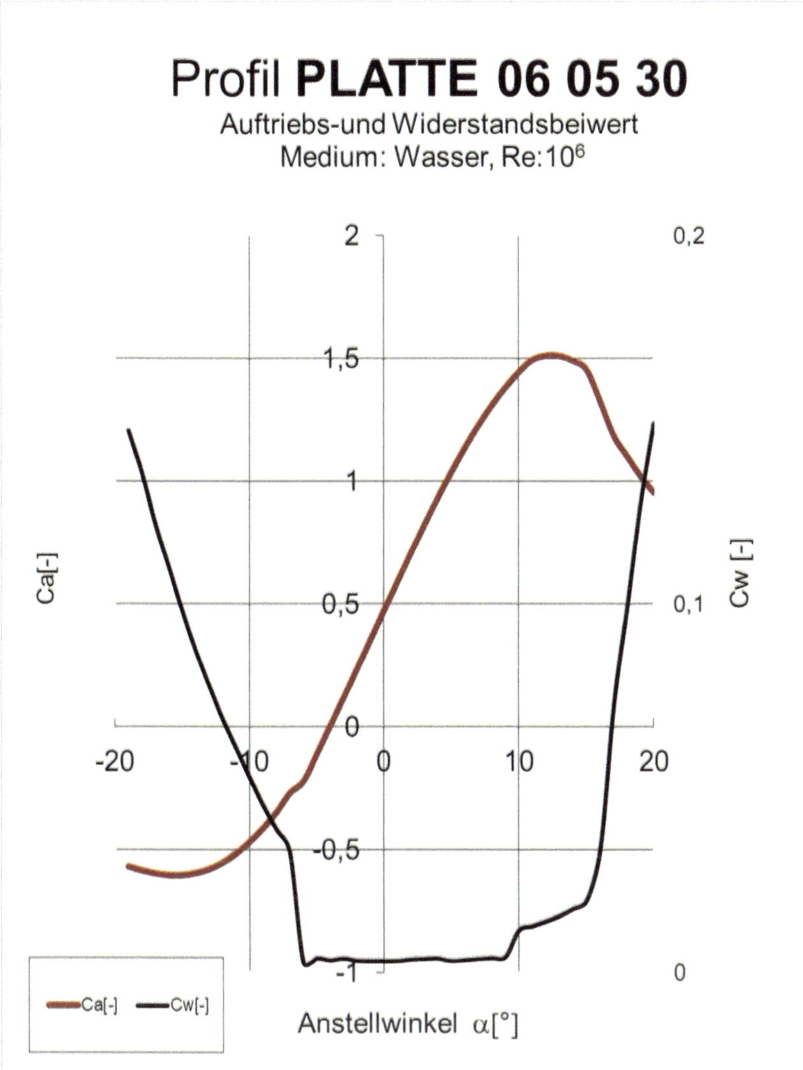

Abb.9: Querkraft- und Widerstandskoeffizient über Anströmwinkel für ein Plattenprofil mit der Dicke von d/t=6% und konstanter Wölbung und Wölbungsrücklage.

NACA 00 00 06 (NACA 0006), Re: 10E6, Wasser

NACA 03 30 06 Re: 10E6, Wasser

NACA 04 30 06 Re: 10E6, Wasser

NACA 05 30 06 Re: 10E6, Wasser

NACA 08 30 06 Re: 10E6, Wasser

NACA 10 30 06 Re: 10E6, Wasser

Abb.10: NACA-Standardprofile der 4er-Serie mit einer Dicke von 6% unter Variation der Wölbung bei konstanter Wölbungsrücklage.

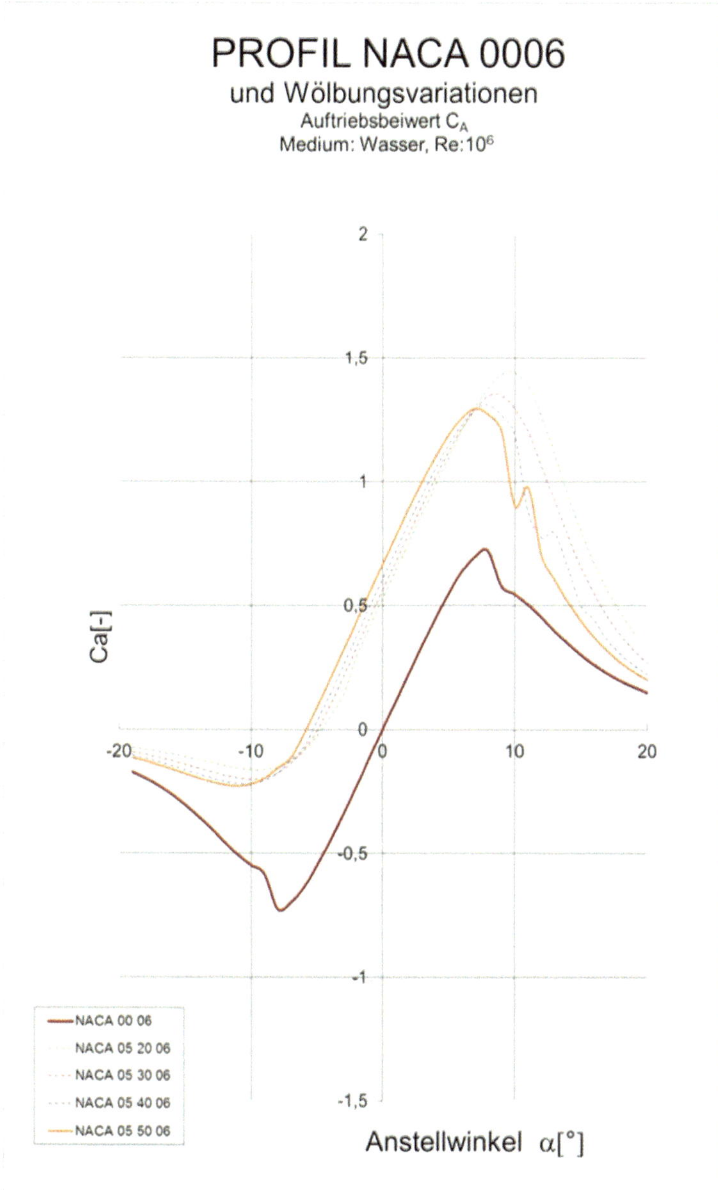

Abb.11: Querkraftkoeffizient über Anströmwinkel für NACA-Standardprofile der 4er-Serie mit einer Dicke von 6% unter Variation der Wölbungsrücklage bei konstanter Wölbung.

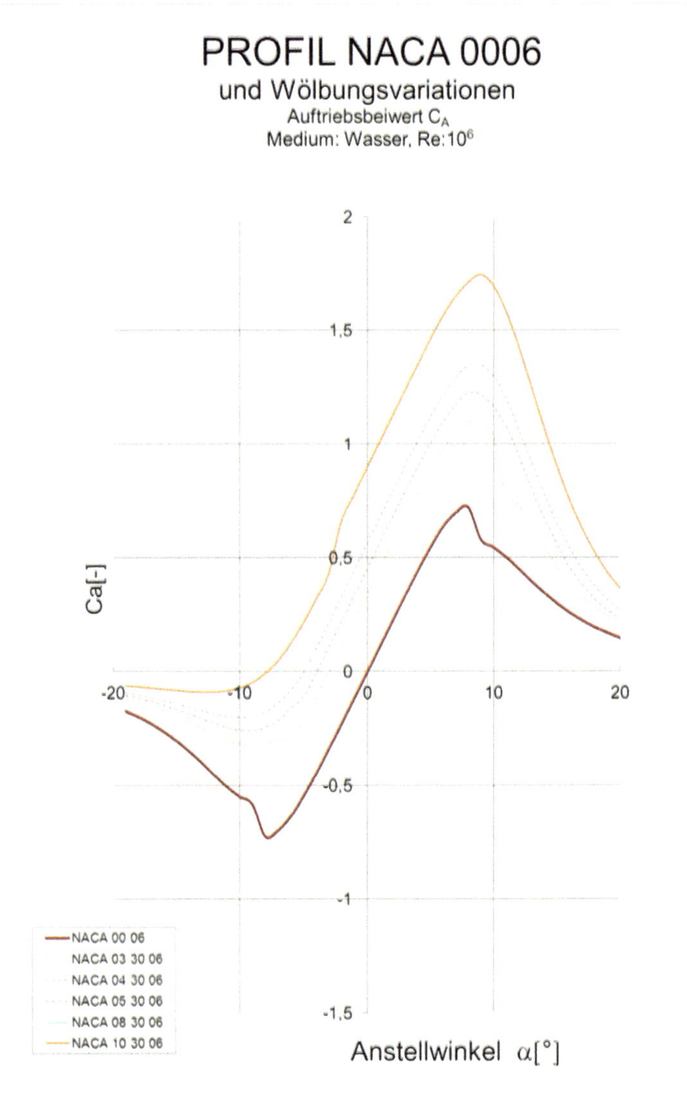

Abb.12: Querkraftkoeffizient über Anströmwinkel für NACA-Standardprofile der 4er-Serie mit einer Dicke von 6% unter Variation der Wölbung bei konstanter Wölbungsrücklage.

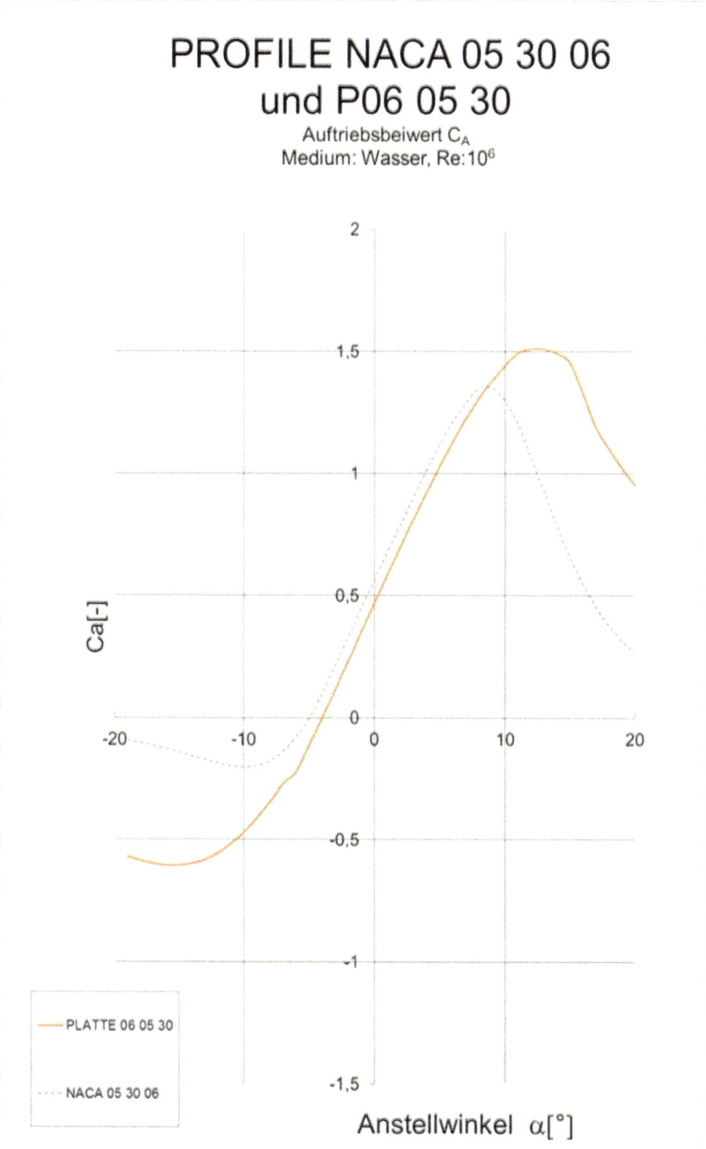

Abb.13: Vergleich der Querkraftkoeffizienten über Anströmwinkel für ein NACA-Standardprofil der 4er-Serie und einem Plattenprofil, jeweils der Dicke von 6%.

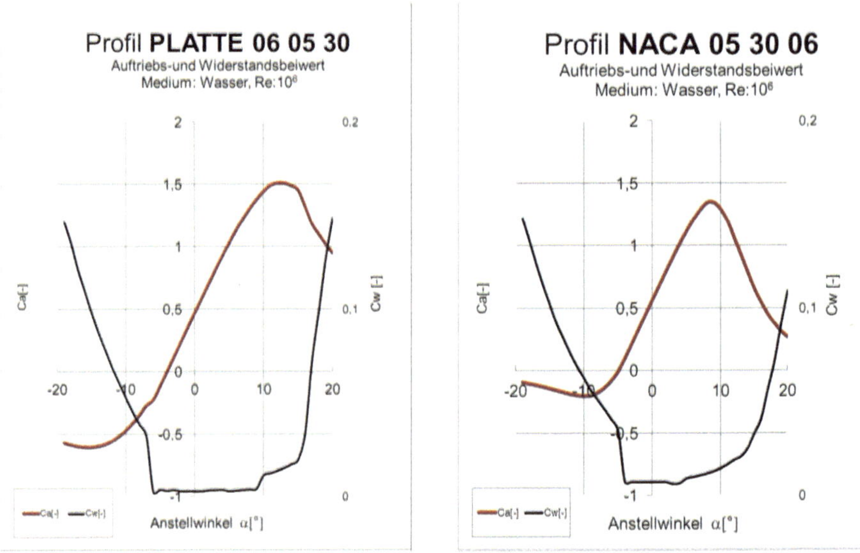

Abb.14: Vergleich der Kurvenverläufe der Querkraft- und Widerstandskoeffizienten über Anströmwinkel für ein Plattenprofil (links im Bild) und einem NACA-Standardprofil der 4er-Serie, jeweils der Dicke von 6%.

Ein Vergleich der Kurvenverläufe für Lift- und Widerstandskoeffizienten über Anströmwinkel für ein Plattenprofil und einem NACA-Standardprofil der 4er-Serie (Dicke von d/t=6%) mit einer Krümmung von 5% fällt zugunsten des Plattenprofils aus. Die Krümmungsrücklage liegt bei 30%, was bei NACA-Profilen der 4er-Serie Standard ist.

Bibliographie und weiterführende Literatur

[Abbo-59] Ira H. Abbott, Albert E. von Doenhoff: Theory of Wing Sections: Including a Summary of Airfoil Data. Dover Publications, New York 1959.

[BaNe-98] Barthlott, W.; Neinhuis, C.: Lotusblumen und Autolacke – Ultrastruktur pflanzlicher Grenzflächen und biomimetische unverschmutzbare Werkstoffe. Biona Report 12, Schriftenreihe der Wissenschaften und der Literatur, Mainz. Gustav Fischer-Verlag, Stuttgart 1998.

[Bann-02] Bannasch, Rudolph. Vorbild Natur. In: design report 9/02, S.20ff. Blue. C Verlag Stuttgart: 2002.

[Bapp-99] Bappert, R. Bionik, Zukunftstechnik lernt von der Natur. SiemensForum München/Berlin und Landesmuseum für Technik und Arbeit in Mannheim (Herausgeber): 1999

[Bech-93] Bechert, D.W.: Verminderung des Strömungswiderstandes durch bionische Oberflächen. In: VDI-Technologieanalyse Bionik, S. 74 – 77. VDI-Technologiezentrum Düsseldorf 1993.

[Bech-97] Bechert, D.W., Biological Surfaces and their Technological Application. 28th AIAA Fluid Dynamics Conference: 1997

[Cal-84] Calder, W.A. (1984) Size, Function and Life History. Harvard University Press. Cambridge 431pp.

[Die13-3] Dienst, Mi.(2013) Reihenuntersuchung zu Profilkonturen für Leit- und Steuerflächen von Seefahrzeugen. Datenreihe ERpL2050. GRIN-Verlag GmbH München, ISBN 978-3-656-47215-5

[Die11-4] Dienst, Mi.(2011) Methoden in der Bionik. Die Reynoldsbasierte Fluidische Fitness. GRIN-Verlag GmbH München.

[Die09-4] Dienst, Mi.(2009) Physical Modelling driven Bionics. GRIN-Verlag München.

[DUB-95] Dubbel, Handbuch des Maschinenbaus, Springer Verlag Berlin, 15.Auflage 1995.

[Eppl-90] Richard Eppler: Airfoil Design and Data. Springer, Berlin, New York 1990.

[Fli-02] Flindt, R. (2002) Biologie in Zahlen Berlin: Spektrum Akademischer Verl.

[Fren-94] French, M.: Invention and Evolution: design in nature and engineering. Cambridge University Press. Cambridge 1994.

[Fren-99] French, M.: Conceptual Design for Engineers. Berlin, Heidelberg, New York, London, Paris, Tokio: Springer: 1999

[Gel-10] Produktinformation, 05 2010, GELITA 69412 Eberbach. www.gelita.com

[Guen-98] Günther, B., Morgado, E. (1998) Dimensional analysis and allometric equations concerning Cope's rule. Revista Chilena de Historia Natural 71: 331-335, 1989

[Gör-75] Görtler, H. Diemensionsanalyse. Berlin Springer 1975

[Gorr-17] Edgar Gorrell, S. Martin: Aerofoils and Aerofoil Structural Combinations. In: NACA Technical Report. Nr. 18, 1917.

[Guen-66] Günther, B., Leon, B. (1966) Theorie of biological Similarities, nondimensional Parameters and invariant Numbers. Bulletin of Mathematical Biophysics Volume 28, 1966.

[Gutm-89] Gutmann, W.: Die Evolution hydraulischer Konstruktionen. Verlag W. Kramer: Frankfurt am Main, 1989.

[Hüt-07] Hütte, 2007, 33. Auflage, Springer Verlag. S.E147

[Hux-32] Huxley, J.S. (1932) Problems of relative Growth. London: Methuen.

[Katz-01] Joseph Katz, Allen Plotkin: Low-Speed Aerodynamics (Cambridge Aerospace Series) Cambridge University Press; 2 edition (2001)

[Liao-03] Liao, J.C.; Beal, D.; Lauder, G.; Triantayllou, M. Fish Exploting Vortices Decrease Muscle Activty. In: Science 2003, S. 1566-1569. AAAS. 2003.

[Matt-97] Mattheck, C.: Design in der Natur. Rombach Verlag. Freiburg 1997.

[Marc-64] Marchaj, C. A. (1964) "Sailing Theory and Practice"', Adlard Coles Nautical, 1964, Library of Congress Catalogue Card Number 64-13694.

[Marc-86] Marchaj, C. A. (1986) Seaworthiness: the forgotten factor, ISBN 0-87742-227-3

[Marc-97] Marchaj, C. A. (1997) Die Aerodynamik der Segel. Bielefeld: Delius Klasing.

[Marc-00] Marchaj, C. A. (2000) Aero-hydrodynamics of sailing, ISBN 0-229-98652-8

[Marc-03] Marchaj, C. A. (2003) Sail performance: techniques to maximize sail power, ISBN 0-07-141310-3

[Mial-05] B. Mialon, M. Hepperle: "Flying Wing Aerodynamics Studies at ONERA and DLR", CEAS/KATnet Conference on Key Aerodynamic Technologies, 20.-22. Juni 2005, Bremen.

[Nac-01] Nachtigall, W. (2001) Biomechanik. Braunschweig: Vieweg Verlag.

[Nach-98] Nachtigall, W. : Bionik – Grundlagen und Beispiele für Ingenieure und Naturwissenschaftler. Springer-Verlag, Berlin-Heidelberg-New York 1998.

[Nach-00] Nachtigall, Werner; Blüchel, Kurt. Das große Buch der Bionik. Stuttgart: Deutsche Verlags Anstalt: 2000.

[PaBe-93] Pahl. G.; Beitz, W.: Konstruktionslehre, 3.Auflage. Berlin- Heidelberg-New York-London-Paris-Tokio: Springer 1993

[Pflu-96] Pflumm, W. (1996) Biologie der Säugetiere. Berlin: Blackwell Wissenschaftsverlag.

[Rech-94] Rechenberg, Ingo. Evolutionsstrategie'94. Frommann-Holzoog Verlag. Stuttgart: 1994.

[Schü-02] Schütt, P., Schuck, H-J., Stimm, B. (2002) Lexikon der Baum- und Straucharten. Nikol, Hamburg, ISBN 3-933203-53-8

[Tho-59] Thompson, D'Arcy, W. (1959) On Growth and Form. London: Cambridge University Press. (Neuauflage der Originalschrift 1907)

[Tho-92] Thompson, D W., (1992). *On Growth and Form*. Dover reprint of 1942 2nd ed. (1st ed., 1917). ISBN 0-486-67135-6

[Tria-95] Triantafyllou, M.: Effizienter Flossenantrieb für Schwimmroboter. In: Spektrum der Wissenschaft 08-1995, S. 66–73. Spektrum der Wissenschaft-Verlagsgesellschaft mbH, Heidelberg 1995.

[Zie - 72] Zierep, J. (1972) Ähnlichkeitsgesetze und Modellregeln der Strömungslehre.

[W-1] http://de.wikipedia.org/wiki/Profil (abgerufen 04042016)

[W-2] The Airfoil Investigation Database, http://www.worldofkrauss.com/foils/578 (abgerufen 04042016)

[W-3] UIUC Airfoil Coordinates Database, (abgerufen 04042016) http://www.ae.illinois.edu/m-selig/ads/coord_database.html

[W-4] http://www.mh-aerotools.de/airfoils/javafoil.htm

[W-5] http://www.mh-aerotools.de/airfoils/index.htm

Platte (ohne Wölbung) P06 00 50 Re: 10E6, Wasser

1,00000000	0,00000000
0,99726095	0,00121577
0,98907380	0,00465307
0,97552826	0,00971979
0,95677273	0,01555083
0,93301270	0,02117508
0,90450850	0,02571958
0,87157241	0,02862511
0,83456530	0,02984514
0,79389263	0,03000000
0,75000000	0,03000000
0,70336832	0,03000000
0,65450850	0,03000000
0,60395585	0,03000000
0,55226423	0,03000000
0,50000000	0,03000000
0,44773577	0,03000000
0,39604415	0,03000000
0,34549150	0,03000000
0,29663168	0,03000000
0,25000000	0,03000000
0,20610737	0,03000000
0,16543470	0,03000000
0,12842759	0,03000000
0,09549150	0,02995105
0,06698730	0,02939423
0,04322727	0,02769915
0,02447174	0,02430700
0,01092620	0,01875962
0,00273905	0,01072216
0,00000000	0,00000000
0,00273905	-0,01072216
0,01092620	-0,01875962
0,02447174	-0,02430700
0,04322727	-0,02769915
0,06698730	-0,02939423
0,09549150	-0,02995105
0,12842759	-0,03000000
0,16543470	-0,03000000
0,20610737	-0,03000000
0,25000000	-0,03000000
0,29663168	-0,03000000

0,34549150	-0,03000000
0,39604415	-0,03000000
0,44773577	-0,03000000
0,50000000	-0,03000000
0,55226423	-0,03000000
0,60395585	-0,03000000
0,65450850	-0,03000000
0,70336832	-0,03000000
0,75000000	-0,03000000
0,79389263	-0,03000000
0,83456530	-0,02984514
0,87157241	-0,02862511
0,90450850	-0,02571958
0,93301270	-0,02117508
0,95677273	-0,01555083
0,97552826	-0,00971979
0,98907380	-0,00465307
0,99726095	-0,00121577
1,00000000	0,00000000

α	Ca	Cw	Cm 0.25		Cp*	M krit.
[°]	[-]	[-]	[-]	[-]	[-]	
-20,0	-0,718	0,19404		0,009	-24,832	0,162
-18,0	-0,789	0,15653		0,008	-20,883	0,176
-16,0	-0,847	0,12672		0,007	-17,213	0,193
-14,0	-0,876	0,10126		0,007	-13,840	0,214
-12,0	-0,867	0,07905		0,006	-10,779	0,240
-10,0	-0,811	0,06036		0,005	-8,047	0,275
-8,0	-0,708	0,04315		0,005	-5,853	0,317
-6,0	-0,669	0,00508		0,005	-4,216	0,364
-4,0	-0,459	0,00462		0,004	-2,792	0,430
-2,0	-0,233	0,00434		0,002	-1,586	0,527
-0,0	0,000	0,00449		-0,000	-0,720	0,660
2,0	0,233	0,00434		-0,002	-1,586	0,527
4,0	0,459	0,00462		-0,004	-2,792	0,430
6,0	0,669	0,00508		-0,005	-4,216	0,364
8,0	0,708	0,04315		-0,005	-5,853	0,317
10,0	0,811	0,06036		-0,005	-7,693	0,280
12,0	0,867	0,07905		-0,006	-9,729	0,252
14,0	0,876	0,10126		-0,007	-11,950	0,230
16,0	0,847	0,12672		-0,007	-14,345	0,210
18,0	0,789	0,15653		-0,008	-16,903	0,194
20,0	0,718	0,19404		-0,009	-19,611	0,182

α	Ca	Cw	Cm 0.25	T.U.	T.L.	S.U.	S.L.	GZ	N.P.	D.P.
[°]	[-]	[-]	[-]	[-]	[-]	[-]	[-]	[-]	[-]	[-]
-19,0	-0,759	0,14652	0,009	0,940	0,006	0,992	0,061	-5,182	0,241	0,262
-18,0	-0,795	0,13222	0,009	0,938	0,006	0,991	0,065	-6,011	0,240	0,261
-17,0	-0,827	0,11994	0,009	0,938	0,006	0,992	0,067	-6,891	0,239	0,260
-16,0	-0,854	0,10627	0,008	0,937	0,007	0,992	0,075	-8,041	0,241	0,260
-15,0	-0,877	0,09234	0,008	0,937	0,008	0,991	0,090	-9,496	0,240	0,259
-14,0	-0,892	0,07968	0,008	0,936	0,009	0,991	0,110	-11,191	0,245	0,259
-13,0	-0,903	0,06415	0,008	0,935	0,011	0,991	0,161	-14,080	0,259	0,259
-12,0	-0,910	0,04865	0,008	0,935	0,011	0,991	0,247	-18,704	0,264	0,259
-11,0	-1,037	0,00988	0,010	0,934	0,012	0,991	0,977	-105,02	0,261	0,260
-10,0	-0,994	0,00378	0,009	0,934	0,013	0,991	0,984	-263,16	0,267	0,259
-9,0	-0,934	0,00355	0,008	0,932	0,014	0,990	0,987	-263,55	0,263	0,259
-8,0	-0,856	0,00327	0,007	0,931	0,014	0,990	0,989	-261,92	0,261	0,259
-7,0	-0,767	0,00414	0,006	0,929	0,015	0,990	0,989	-185,01	0,260	0,258
-6,0	-0,670	0,00387	0,006	0,928	0,017	0,990	0,990	-173,36	0,259	0,258
-5,0	-0,567	0,00354	0,005	0,926	0,019	0,990	0,990	-160,23	0,259	0,258
-4,0	-0,459	0,00332	0,004	0,926	0,023	0,990	0,990	-138,46	0,258	0,258
-3,0	-0,348	0,00308	0,003	0,925	0,028	0,990	0,991	-112,73	0,258	0,258
-2,0	-0,233	0,00433	0,002	0,128	0,033	0,990	0,991	-53,913	0,258	0,258
-1,0	-0,117	0,00433	0,001	0,074	0,040	0,991	0,991	-27,067	0,258	0,258
0,0	0,000	0,00426	-0,000	0,055	0,055	0,990	0,990	0,000	0,258	0,250
1,0	0,117	0,00433	-0,001	0,040	0,074	0,991	0,991	27,067	0,258	0,258
2,0	0,233	0,00433	-0,002	0,033	0,128	0,991	0,990	53,913	0,258	0,258
3,0	0,348	0,00308	-0,003	0,028	0,925	0,991	0,990	112,730	0,258	0,258
4,0	0,459	0,00332	-0,004	0,023	0,926	0,990	0,990	138,460	0,258	0,258
5,0	0,567	0,00354	-0,005	0,019	0,926	0,990	0,990	160,239	0,259	0,258
6,0	0,670	0,00387	-0,006	0,017	0,928	0,990	0,990	173,362	0,259	0,258
7,0	0,767	0,00414	-0,006	0,015	0,929	0,989	0,990	185,019	0,260	0,258
8,0	0,856	0,00327	-0,007	0,014	0,931	0,989	0,990	261,927	0,261	0,259
9,0	0,934	0,00355	-0,008	0,014	0,932	0,987	0,990	263,515	0,263	0,259
10,0	0,994	0,00378	-0,009	0,013	0,934	0,984	0,991	263,162	0,267	0,259
11,0	1,037	0,00988	-0,010	0,012	0,934	0,977	0,991	105,029	0,261	0,260
12,0	0,910	0,04865	-0,008	0,011	0,935	0,247	0,991	18,704	0,264	0,259
13,0	0,903	0,06415	-0,008	0,011	0,935	0,161	0,991	14,080	0,259	0,259
14,0	0,892	0,07968	-0,008	0,009	0,936	0,110	0,991	11,191	0,245	0,259
15,0	0,877	0,09234	-0,008	0,008	0,937	0,090	0,991	9,496	0,240	0,259
16,0	0,854	0,10627	-0,008	0,007	0,937	0,075	0,992	8,041	0,241	0,260
17,0	0,827	0,11994	-0,009	0,006	0,938	0,067	0,992	6,891	0,239	0,260
18,0	0,795	0,13222	-0,009	0,006	0,938	0,065	0,991	6,011	0,240	0,261
19,0	0,759	0,14652	-0,009	0,006	0,940	0,061	0,992	5,182	0,241	0,262
20,0	0,722	0,16077	-0,010	0,006	0,941	0,058	0,992	4,490	0,242	0,263

Platte P06 02 50 Re: 10E6, Wasser

1,00000000	0,00000000
0,99740502	0,00153499
0,98961624	0,00591816
0,97663039	0,01252185
0,95846734	0,02042126
0,93520149	0,02856166
0,90699372	0,03596398
0,87411503	0,04194403
0,83695405	0,04631731
0,79600341	0,04956091
0,75179677	0,05244615
0,70483083	0,05500129
0,65562019	0,05711465
0,60470409	0,05869385
0,55264050	0,05966985
0,50000000	0,06000000
0,44735950	0,05966985
0,39529591	0,05869385
0,34437981	0,05711465
0,29516917	0,05500129
0,24820323	0,05244615
0,20399659	0,04956091
0,16303355	0,04647168
0,12576284	0,04331349
0,09259740	0,04017564
0,06394892	0,03673677
0,04020882	0,03249724
0,02171555	0,02701498
0,00873925	0,01992853
0,00146846	0,01097439
0,00000000	0,00000000
0,00400965	-0,01031882
0,01311315	-0,01733489
0,02722793	-0,02128549
0,04624572	-0,02257115
0,07002567	-0,02173677
0,09838561	-0,01944615
0,13109233	-0,01644934
0,16783584	-0,01333583
0,20821816	-0,01029040
0,25179677	-0,00744615
0,29809419	-0,00492737
0,34660320	-0,00284414
0,39679240	-0,00128749

0,44811204	-0,00032543
0,50000000	0,00000000
0,55188796	-0,00032543
0,60320760	-0,00128749
0,65339680	-0,00284414
0,70190581	-0,00492737
0,74820323	-0,00744615
0,79178184	-0,01029040
0,83217656	-0,01318146
0,86902979	-0,01507989
0,90202327	-0,01523449
0,93082391	-0,01356166
0,95507811	-0,01049518
0,97442612	-0,00679236
0,98853136	-0,00332453
0,99711688	-0,00087942
1,00000000	0,00000000

X	y	v/V
1,00000	0,00000	0,35372
0,99741	0,00153	0,55960
0,98962	0,00592	0,81948
0,97663	0,01252	0,97622
0,95847	0,02042	1,09426
0,93520	0,02856	1,17704
0,90699	0,03596	1,22172
0,87412	0,04194	1,22909
0,83695	0,04632	1,20735
0,79600	0,04956	1,17847
0,75180	0,05245	1,16853
0,70483	0,05500	1,16557
0,65562	0,05711	1,16478
0,60470	0,05869	1,16475
0,55264	0,05967	1,16478
0,50000	0,06000	1,16451
0,44736	0,05967	1,16379
0,39530	0,05869	1,16260
0,34438	0,05711	1,16106
0,29517	0,05500	1,15948
0,24820	0,05245	1,15835
0,20400	0,04956	1,15856
0,16303	0,04647	1,16171
0,12576	0,04331	1,17168
0,09260	0,04018	1,20104
0,06395	0,03674	1,24841
0,04021	0,03250	1,30424
0,02172	0,02701	1,34678
0,00874	0,01993	1,28185
0,00147	0,01097	0,83304
0,00000	0,00000	0,02121
0,00401	-0,01032	0,84781
0,01311	-0,01733	1,24251

0,02723	-0,02129	1,26448
0,04625	-0,02257	1,19074
0,07003	-0,02174	1,11097
0,09839	-0,01945	1,04418
0,13109	-0,01645	0,99757
0,16784	-0,01334	0,97096
0,20822	-0,01029	0,95270
0,25180	-0,00745	0,93929
0,29809	-0,00493	0,92933
0,34660	-0,00284	0,92212
0,39679	-0,00129	0,91726
0,44811	-0,00033	0,91457
0,50000	0,00000	0,91396
0,55189	-0,00033	0,91545
0,60321	-0,00129	0,91918
0,65340	-0,00284	0,92542
0,70191	-0,00493	0,93476
0,74820	-0,00745	0,94839
0,79178	-0,01029	0,97045
0,83218	-0,01318	1,01167
0,86903	-0,01508	1,05014
0,90202	-0,01523	1,06580
0,93082	-0,01356	1,04938
0,95508	-0,01050	0,99773
0,97443	-0,00679	0,91076
0,98853	-0,00332	0,78219
0,99712	-0,00088	0,54392
1,00000	0,00000	0,35372

α	Ca	Cw	Cm 0.25		Cp*	M krit.
[°]	[-]	[-]	[-]	[-]	[-]	
-20,0	-0,608	0,19427		-0,038	-24,313	0,163
-18,0	-0,649	0,15858		-0,039	-20,458	0,178
-16,0	-0,671	0,12542		-0,041	-16,873	0,194
-14,0	-0,663	0,10091		-0,042	-13,576	0,216
-12,0	-0,614	0,07821		-0,044	-10,583	0,242
-10,0	-0,521	0,06134		-0,046	-7,909	0,277
-8,0	-0,389	0,04601		-0,052	-5,567	0,324
-6,0	-0,224	0,03240		-0,060	-3,989	0,373
-4,0	-0,046	0,00529		-0,090	-2,631	0,440
-2,0	0,188	0,00498		-0,092	-1,480	0,538
-0,0	0,423	0,00479		-0,094	-0,814	0,640
2,0	0,653	0,00971		-0,096	-1,651	0,519
4,0	0,870	0,01104		-0,098	-2,891	0,424
6,0	1,067	0,01278		-0,100	-4,358	0,359
8,0	1,230	0,01472		-0,102	-6,043	0,312
10,0	1,110	0,05721		-0,067	-7,939	0,276
12,0	1,123	0,07800		-0,061	-10,037	0,249
14,0	1,090	0,10172		-0,057	-12,326	0,226
16,0	1,022	0,12687		-0,058	-14,795	0,207
18,0	0,929	0,15978		-0,058	-17,432	0,192
20,0	0,828	0,19719		-0,058	-20,225	0,179

x/l	y/l	v/V	δ_1	δ_2	δ_3	Reδ_2	C_f	H_12	H_32	Zust.	y1
[-]	[-]	[-]	[-]	[-]	[-]	[-]	[-]	[-]	[-]	[-]	[%]
1,0000	0,0000	0,3537	0,002646	0,002022	0,001384	715,2	0,0000	1,3088	0,6843	abgel.	0,0000
0,9974	0,0015	0,5596	0,002646	0,002022	0,001384	1131,5	0,0000	1,3088	0,6843	abgel.	0,0000
0,9896	0,0059	0,8195	0,002646	0,002022	0,001384	1656,9	0,0000	1,3088	0,6843	abgel.	0,0000
0,9766	0,0125	0,9762	0,002646	0,002022	0,001384	1973,8	0,0000	1,3088	0,6843	turb.	0,0000
0,9585	0,0204	1,0943	0,001322	0,000636	0,000987	748,2	0,0014	2,0785	1,5509	turb.	0,0038
0,9352	0,0286	1,1770	0,001226	0,000525	0,000843	641,5	0,0010	2,3344	1,6050	lam.	0,0045
0,9070	0,0360	1,2217	0,001061	0,000493	0,000806	606,2	0,0013	2,1516	1,6344	lam.	0,0039
0,8741	0,0419	1,2291	0,001116	0,000507	0,000823	611,6	0,0012	2,2033	1,6255	lam.	0,0041
0,8370	0,0463	1,2074	0,001310	0,000539	0,000858	635,3	0,0009	2,4300	1,5923	lam.	0,0048
0,7960	0,0496	1,1785	0,001375	0,000542	0,000855	632,8	0,0007	2,5397	1,5786	lam.	0,0052
0,7518	0,0524	1,1685	0,001366	0,000530	0,000835	618,2	0,0007	2,5761	1,5743	lam.	0,0052
0,7048	0,0550	1,1656	0,001329	0,000514	0,000808	598,6	0,0007	2,5857	1,5732	lam.	0,0052
0,6556	0,0571	1,1648	0,001278	0,000495	0,000778	576,2	0,0008	2,5832	1,5735	lam.	0,0051
0,6047	0,0587	1,1648	0,001222	0,000474	0,000747	552,4	0,0008	2,5765	1,5743	lam.	0,0050
0,5526	0,0597	1,1648	0,001163	0,000453	0,000713	527,2	0,0009	2,5696	1,5751	lam.	0,0048
0,5000	0,0600	1,1645	0,001104	0,000430	0,000678	500,9	0,0009	2,5648	1,5756	lam.	0,0047
0,4474	0,0597	1,1638	0,001046	0,000408	0,000643	474,3	0,0010	2,5642	1,5757	lam.	0,0046
0,3953	0,0587	1,1626	0,000990	0,000385	0,000607	447,2	0,0010	2,5695	1,5751	lam.	0,0044
0,3444	0,0571	1,1611	0,000935	0,000362	0,000569	419,6	0,0011	2,5837	1,5734	lam.	0,0043
0,2952	0,0550	1,1595	0,000884	0,000338	0,000531	391,6	0,0011	2,6139	1,5704	lam.	0,0043
0,2482	0,0524	1,1584	0,000839	0,000313	0,000490	363,1	0,0011	2,6758	1,5644	lam.	0,0043
0,2040	0,0496	1,1586	0,000810	0,000288	0,000447	334,4	0,0010	2,8137	1,5525	lam.	0,0045
0,1630	0,0465	1,1617	0,000835	0,000261	0,000399	305,3	0,0006	3,2044	1,5295	lam.	0,0060
0,1258	0,0433	1,1717	0,000789	0,000220	0,000334	264,2	0,0003	3,5827	1,5186	lam.	0,0083
0,0926	0,0402	1,2010	0,000541	0,000170	0,000260	212,0	0,0008	3,1873	1,5299	lam.	0,0049
0,0639	0,0367	1,2484	0,000344	0,000122	0,000190	159,3	0,0020	2,8100	1,5525	lam.	0,0031
0,0402	0,0325	1,3042	0,000191	0,000077	0,000123	104,3	0,0051	2,4595	1,5886	lam.	0,0020
0,0217	0,0270	1,3468	0,000102	0,000045	0,000073	58,0	0,0121	2,2505	1,6178	lam.	0,0013
0,0087	0,0199	1,2818	0,000076	0,000034	0,000055	28,3	0,0252	2,2352	1,6202	lam.	0,0009
0,0015	0,0110	0,8330	0,000062	0,000028	0,000045	1,9	0,0001	2,2364	1,6200	lam.	0,0141
0,0000	0,0000	0,0213	0,000001	0,000000	0,000001	0,0	0,0000	2,2364	1,6200	lam.	0,0000
0,0040	-0,0103	0,8478	0,000062	0,000028	0,000045	1,9	0,0001	2,2364	1,6200	lam.	0,0141
0,0131	-0,0173	1,2425	0,000075	0,000034	0,000054	28,5	0,0250	2,2352	1,6202	lam.	0,0009
0,0272	-0,0213	1,2645	0,000107	0,000048	0,000077	59,6	0,0117	2,2567	1,6168	lam.	0,0013
0,0462	-0,0226	1,1907	0,000215	0,000085	0,000134	107,5	0,0045	2,5336	1,5794	lam.	0,0021
0,0700	-0,0217	1,1110	0,000461	0,000139	0,000212	164,9	0,0008	3,3213	1,5247	lam.	0,0049
0,0984	-0,0194	1,0442	0,000356	0,000211	0,000346	234,8	0,0034	1,6851	1,6385	turb.	0,0024
0,1311	-0,0164	0,9976	0,000494	0,000326	0,000552	340,5	0,0041	1,5145	1,6916	turb.	0,0022
0,1678	-0,0133	0,9710	0,000671	0,000456	0,000779	455,2	0,0041	1,4712	1,7076	turb.	0,0022
0,2082	-0,0103	0,9527	0,000836	0,000581	0,001000	564,6	0,0042	1,4386	1,7205	turb.	0,0022
0,2518	-0,0074	0,9393	0,001003	0,000708	0,001224	674,2	0,0041	1,4173	1,7293	turb.	0,0022
0,2981	-0,0049	0,9293	0,001174	0,000837	0,001453	786,0	0,0041	1,4023	1,7357	turb.	0,0022
0,3466	-0,0028	0,9221	0,001341	0,000965	0,001679	896,2	0,0041	1,3907	1,7407	turb.	0,0022
0,3968	-0,0013	0,9173	0,001505	0,001090	0,001902	1005,1	0,0040	1,3809	1,7451	turb.	0,0022
0,4481	-0,0003	0,9146	0,001663	0,001212	0,002119	1111,4	0,0040	1,3722	1,7490	turb.	0,0022
0,5000	0,0000	0,9140	0,001810	0,001327	0,002326	1213,6	0,0040	1,3640	1,7528	turb.	0,0022
0,5519	-0,0003	0,9155	0,001944	0,001434	0,002518	1310,2	0,0040	1,3560	1,7565	turb.	0,0022
0,6032	-0,0013	0,9192	0,002061	0,001529	0,002691	1399,5	0,0040	1,3481	1,7602	turb.	0,0022
0,6534	-0,0028	0,9254	0,002156	0,001609	0,002838	1478,8	0,0040	1,3401	1,7640	turb.	0,0022
0,7019	-0,0049	0,9348	0,002228	0,001673	0,002958	1548,4	0,0040	1,3315	1,7682	turb.	0,0022
0,7482	-0,0074	0,9484	0,002267	0,001715	0,003040	1602,9	0,0041	1,3222	1,7728	turb.	0,0022
0,7918	-0,0103	0,9705	0,002265	0,001727	0,003070	1637,6	0,0041	1,3115	1,7782	turb.	0,0022
0,8322	-0,0132	1,0117	0,002188	0,001688	0,003015	1638,7	0,0043	1,2963	1,7860	turb.	0,0022
0,8690	-0,0151	1,0501	0,001980	0,001556	0,002799	1575,1	0,0045	1,2724	1,7988	turb.	0,0021
0,9020	-0,0152	1,0658	0,001837	0,001457	0,002631	1531,3	0,0047	1,2609	1,8051	turb.	0,0021
0,9308	-0,0136	1,0494	0,001854	0,001463	0,002635	1558,9	0,0046	1,2675	1,8014	turb.	0,0021
0,9551	-0,0105	0,9977	0,002076	0,001604	0,002867	1683,5	0,0042	1,2939	1,7871	turb.	0,0022
0,9744	-0,0068	0,9108	0,002654	0,001959	0,003442	1952,4	0,0036	1,3544	1,7569	turb.	0,0023
0,9885	-0,0033	0,7822	0,004026	0,002688	0,004560	2448,0	0,0027	1,4978	1,6963	turb.	0,0027
0,9971	-0,0009	0,5439	0,014641	0,002324	0,007745	1263,9	0,0000	6,3010	3,3332	turb.	0,0000
1,0000	0,0000	0,3537	0,014641	0,002324	0,007745	821,9	0,0000	6,3010	3,3332	abgel.	0,0000

α	Ca	Cw	Cm 0.25	T.U.	T.L.	S.U.	S.L.	GZ	N.P.	D.P.
[°]	[-]	[-]	[-]	[-]	[-]	[-]	[-]	[-]	[-]	[-]
-19,0	-0,633	0,14523	-0,043	0,936	0,007	0,991	0,057	-4,362	0,202	0,182
-18,0	-0,653	0,13116	-0,044	0,933	0,007	0,991	0,060	-4,977	0,190	0,183
-17,0	-0,668	0,11790	-0,045	0,931	0,008	0,991	0,064	-5,662	0,165	0,182
-16,0	-0,676	0,10614	-0,046	0,929	0,008	0,991	0,066	-6,367	0,035	0,182
-15,0	-0,677	0,09434	-0,047	0,927	0,009	0,991	0,071	-7,172	0,574	0,180
-14,0	-0,669	0,08436	-0,048	0,926	0,009	0,991	0,076	-7,925	0,378	0,178
-13,0	-0,651	0,07339	-0,050	0,924	0,011	0,991	0,088	-8,873	0,365	0,173
-12,0	-0,624	0,06218	-0,053	0,923	0,013	0,991	0,112	-10,042	0,340	0,165
-11,0	-0,586	0,05285	-0,056	0,922	0,014	0,991	0,137	-11,085	0,341	0,154
-10,0	-0,540	0,04183	-0,061	0,921	0,015	0,991	0,196	-12,904	1,565	0,137
-9,0	-0,564	0,00298	-0,085	0,920	0,015	0,991	0,983	-189,087	0,646	0,099
-8,0	-0,476	0,00352	-0,086	0,919	0,016	0,991	0,990	-135,136	0,261	0,068
-7,0	-0,376	0,00330	-0,087	0,918	0,017	0,990	0,990	-113,895	0,260	0,017
-6,0	-0,270	0,00308	-0,088	0,916	0,018	0,990	0,991	-87,685	0,259	-0,078
-5,0	-0,159	0,00287	-0,089	0,915	0,020	0,990	0,991	-55,547	0,259	-0,312
-4,0	-0,046	0,00253	-0,090	0,915	0,023	0,989	0,991	-18,016	0,259	-1,732
-3,0	0,070	0,00236	-0,091	0,913	0,028	0,989	0,991	29,726	0,259	1,552
-2,0	0,188	0,00289	-0,093	0,577	0,033	0,988	0,991	64,868	0,259	0,743
-1,0	0,306	0,00360	-0,094	0,093	0,039	0,989	0,992	84,956	0,259	0,556
0,0	0,423	0,00361	-0,095	0,061	0,049	0,989	0,991	117,270	0,259	0,473
1,0	0,539	0,00364	-0,096	0,046	0,063	0,989	0,992	148,044	0,259	0,427
2,0	0,653	0,00369	-0,097	0,034	0,086	0,989	0,991	177,107	0,259	0,398
3,0	0,764	0,00279	-0,098	0,028	0,934	0,988	0,990	274,157	0,259	0,378
4,0	0,871	0,00296	-0,099	0,022	0,935	0,988	0,990	294,481	0,260	0,363
5,0	0,973	0,00319	-0,100	0,018	0,935	0,987	0,990	304,983	0,260	0,352
6,0	1,068	0,00344	-0,101	0,015	0,936	0,987	0,991	310,209	0,261	0,344
7,0	1,155	0,00365	-0,102	0,014	0,936	0,986	0,991	316,364	0,262	0,338
8,0	1,232	0,00393	-0,103	0,013	0,937	0,985	0,991	313,800	0,263	0,333
9,0	1,299	0,00420	-0,104	0,012	0,937	0,984	0,991	308,837	0,267	0,330

α	Ca	Cw	Cm 0.25		T.U.	T.L.	S.U.	S.L.	GZ	N.P.	D.P.	
[°]	[-]	[-]	[-]	[-]	[-]	[-]	[-]	[-]	[-]	[-]		
-19,0	-0,549	0,14462		-0,075	0,926	0,007	0,991	0,052	-3,795	0,083	0,113	
-18,0	-0,557	0,13108		-0,077	0,924	0,008	0,991	0,055	-4,252	0,003	0,113	
-17,0	-0,560	0,11837		-0,078	0,923	0,008	0,991	0,058	-4,733	5,019	0,111	
-16,0	-0,557	0,10503		-0,080	0,921	0,009	0,991	0,063	-5,300	0,464	0,106	
-15,0	-0,544	0,09402		-0,081	0,921	0,009	0,991	0,067	-5,791	0,322	0,101	
-14,0	-0,523	0,08506		-0,082	0,920	0,009	0,991	0,068	-6,147	0,318	0,092	
-13,0	-0,492	0,07451		-0,085	0,919	0,011	0,991	0,076	-6,601	0,335	0,077	
-12,0	-0,451	0,06450		-0,089	0,917	0,013	0,991	0,090	-6,989	0,341	0,054	
-11,0	-0,400	0,05448		-0,093	0,916	0,015	0,990	0,113	-7,334	0,321	0,017	
-10,0	-0,337	0,04708		-0,097	0,916	0,016	0,990	0,129	-7,159	0,318	-0,037	
-9,0	-0,266	0,03892		-0,102	0,914	0,017	0,990	0,166	-6,835	0,418	-0,135	
-8,0	-0,193	0,02196		-0,121	0,913	0,017	0,989	0,365	-8,781	0,555	-0,376	
-7,0	-0,114	0,00274		-0,149	0,912	0,018	0,989	0,990	-41,797	0,403	-1,049	
-6,0	-0,003	0,00253		-0,150	0,912	0,019	0,989	0,991	-1,172	0,261	-50,270	
-5,0	0,112	0,00238		-0,151	0,910	0,020	0,988	0,992	46,915	0,260	1,601	
-4,0	0,229	0,00278		-0,152	0,669	0,023	0,987	0,992	82,404	0,260	0,915	
-3,0	0,347	0,00276		-0,153	0,609	0,027	0,987	0,992	125,950		0,260	0,692
-2,0	0,466	0,00277		-0,155	0,554	0,033	0,987	0,992	168,490		0,260	0,582
-1,0	0,585	0,00281		-0,156	0,493	0,038	0,987	0,992	208,480		0,260	0,516

0,0	0,702	0,00362	-0,157	0,080	0,046	0,987	0,992	194,284		0,260	0,473
1,0	0,818	0,00371	-0,158	0,051	0,060	0,987	0,992	220,375		0,261	0,443
2,0	0,930	0,00379	-0,159	0,035	0,078	0,987	0,992	245,164		0,261	0,421
3,0	1,039	0,00392	-0,161	0,028	0,114	0,986	0,992	264,829		0,261	0,405
4,0	1,143	0,00334	-0,162	0,022	0,939	0,986	0,991	342,139		0,261	0,392
5,0	1,240	0,00357	-0,163	0,017	0,939	0,985	0,991	347,660		0,263	0,381
6,0	1,330	0,00385	-0,164	0,015	0,940	0,984	0,991	345,568		0,264	0,373
7,0	1,410	0,01047	-0,165	0,013	0,940	0,984	0,991	134,700		0,265	0,367
8,0	1,480	0,01130	-0,166	0,012	0,940	0,983	0,991	130,993		0,268	0,362
9,0	1,538	0,01232	-0,167	0,010	0,941	0,982	0,991	124,870		0,273	0,359
10,0	1,576	0,01330	-0,169	0,010	0,942	0,981	0,992	118,555		0,294	0,357
11,0	1,588	0,01437	-0,170	0,009	0,944	0,979	0,992	110,470		0,786	0,357
12,0	1,580	0,01555	-0,171	0,009	0,944	0,977	0,992	101,586		0,191	0,358
13,0	1,555	0,01696	-0,172	0,008	0,945	0,973	0,992	91,642	0,225	0,360	
14,0	1,513	0,01899	-0,172	0,007	0,947	0,965	0,992	79,644	0,309	0,364	
15,0	1,371	0,03326	-0,161	0,006	0,948	0,661	0,993	41,229	0,404	0,367	
16,0	1,168	0,09638	-0,119	0,005	0,950	0,145	0,993	12,119	0,429	0,352	
17,0	1,100	0,11519	-0,112	0,004	0,952	0,103	0,993	9,548	0,319	0,352	
18,0	1,037	0,12876	-0,110	0,004	0,954	0,093	0,993	8,056	0,287	0,356	
19,0	0,973	0,14567	-0,108	0,003	0,955	0,079	0,993	6,680	0,286	0,361	
20,0	0,911	0,16301	-0,106	0,003	0,955	0,071	0,994	5,586	0,277	0,366	

Platte P06 08 50 Re: 10E6, Wasser

1,00000000	0,00000000
0,99762964	0,00203261
0,99046375	0,00789880
0,97835821	0,01693802
0,96113615	0,02816089
0,93866777	0,04040599
0,91095442	0,05253806
0,87819496	0,06366736
0,84081415	0,07336476
0,79943812	0,08184368
0,75473972	0,08962322
0,70724033	0,09651430
0,65746066	0,10221507
0,60594739	0,10647564
0,55326714	0,10910914
0,50000000	0,11000000
0,44673286	0,10910914
0,39405261	0,10647564
0,34253934	0,10221507
0,29275967	0,09651430
0,24526028	0,08962322
0,20056188	0,08184368
0,15915342	0,07351620
0,12148695	0,06500495
0,08798508	0,05663447
0,05913720	0,04832661
0,03545515	0,03982118
0,01739468	0,03089326
0,00532240	0,02136127
-0,00051255	0,01109132
0,00000000	0,00000000
0,00599065	-0,00934313
0,01653000	-0,01444491
0,03154880	-0,01561462
0,05099940	-0,01335163
0,07483740	-0,00832661
0,10299793	-0,00135583
0,13536822	0,00663278
0,17171597	0,01484608
0,21165287	0,02287768
0,25473972	0,03037678
0,30050369	0,03701615
0,34844367	0,04250629

0,39803570	0,04660800
0,44873868	0,04914267
0,50000000	0,05000000
0,55126132	0,04914267
0,60196430	0,04660800
0,65155633	0,04250629
0,69949631	0,03701615
0,74526028	0,03037678
0,78834713	0,02287768
0,82831645	0,01499751
0,86494986	0,00797037
0,89806258	0,00274058
0,92735763	-0,00040599
0,95240931	-0,00169134
0,97269831	-0,00165938
0,98768385	-0,00098244
0,99689225	-0,00028442
1,00000000	0,00000000

x	y	v/V
1,00000	0,00000	0,33978
0,99763	0,00203	0,57224
0,99046	0,00790	0,83847
0,97836	0,01694	1,01125
0,96114	0,02816	1,15053
0,93867	0,04041	1,25800
0,91095	0,05254	1,32859
0,87819	0,06367	1,36048
0,84081	0,07336	1,35962
0,79944	0,08184	1,34782
0,75474	0,08962	1,35378
0,70724	0,09651	1,36476
0,65746	0,10222	1,37532
0,60595	0,10648	1,38368
0,55327	0,10911	1,38885
0,50000	0,11000	1,39029
0,44673	0,10911	1,38779
0,39405	0,10648	1,38138
0,34254	0,10222	1,37138
0,29276	0,09651	1,35831
0,24526	0,08962	1,34304
0,20056	0,08184	1,32682
0,15915	0,07352	1,31167
0,12149	0,06500	1,30185
0,08799	0,05663	1,31023
0,05914	0,04833	1,33416
0,03546	0,03982	1,36300
0,01739	0,03089	1,37549
0,00532	0,02136	1,28325
-0,00051	0,01109	0,81560
0,00000	0,00000	0,05404
0,00599	-0,00934	0,85173
0,01653	-0,01444	1,18228

0,03155	-0,01561	1,16651
0,05100	-0,01335	1,07478
0,07484	-0,00833	0,98406
0,10300	-0,00136	0,90894
0,13537	0,00663	0,85437
0,17172	0,01485	0,81918
0,21165	0,02288	0,79294
0,25474	0,03038	0,77254
0,30050	0,03702	0,75672
0,34844	0,04251	0,74485
0,39804	0,04661	0,73663
0,44874	0,04914	0,73187
0,50000	0,05000	0,73055
0,55126	0,04914	0,73266
0,60196	0,04661	0,73832
0,65156	0,04251	0,74776
0,69950	0,03702	0,76149
0,74526	0,03038	0,78054
0,78835	0,02288	0,80849
0,82832	0,01500	0,85468
0,86495	0,00797	0,90096
0,89806	0,00274	0,92992
0,92736	-0,00041	0,93263
0,95241	-0,00169	0,90489
0,97270	-0,00166	0,84454
0,98768	-0,00098	0,74307
0,99689	-0,00028	0,53147
1,00000	0,00000	0,33978

α	Ca	Cw	Cm 0.25		Cp*	M krit.
[°]	[-]	[-]	[-]	[-]	[-]	
-20,0	-0,421	0,18919		-0,107	-23,151	0,167
-18,0	-0,411	0,15261		-0,110	-19,495	0,182
-16,0	-0,374	0,12509		-0,113	-16,092	0,199
-14,0	-0,303	0,09880		-0,117	-12,961	0,221
-12,0	-0,193	0,07803		-0,121	-10,116	0,248
-10,0	-0,047	0,06173		-0,121	-7,571	0,283
-8,0	0,128	0,04809		-0,129	-5,338	0,330
-6,0	0,321	0,03733		-0,140	-3,472	0,394
-4,0	0,525	0,02804		-0,160	-2,262	0,465
-2,0	0,877	0,00524		-0,244	-1,235	0,570
-0,0	1,114	0,00538		-0,248	-0,933	0,617
2,0	1,336	0,00775		-0,252	-1,645	0,520
4,0	1,540	0,01668		-0,254	-2,517	0,447
6,0	1,714	0,01923		-0,257	-3,502	0,393
8,0	1,845	0,02238		-0,260	-4,597	0,351
10,0	1,914	0,02558		-0,263	-5,796	0,318
12,0	1,877	0,03005		-0,266	-7,094	0,291
14,0	1,457	0,09829		-0,164	-8,487	0,269
16,0	1,319	0,12902		-0,153	-11,370	0,234
18,0	1,170	0,15990		-0,151	-14,602	0,209
20,0	1,018	0,19738		-0,144	-18,165	0,189

x/l	y/l	v/V	δ_1	δ_2	δ_3	Reδ_2	C_f	H_12	H_32	Zust.	y1
[-]	[-]	[-]	[-]	[-]	[-]	[-]	[-]	[-]	[-]	[-]	[%]
1,0000	0,0000	0,3398	0,003462	0,002888	0,001799	981,8	0,0000	1,1988	0,6229	abgel.	0,0000
0,9976	0,0020	0,5722	0,003462	0,002888	0,001799	1653,6	0,0000	1,1988	0,6229	abgel.	0,0000
0,9905	0,0079	0,8385	0,003462	0,002888	0,001799	2422,9	0,0000	1,1988	0,6229	abgel.	0,0000
0,9784	0,0169	1,0112	0,003462	0,002888	0,001799	2922,1	0,0000	1,1988	0,6229	turb.	0,0000
0,9611	0,0282	1,1505	0,001491	0,000786	0,001247	989,7	0,0017	1,8968	1,5854	turb.	0,0034
0,9387	0,0404	1,2580	0,001180	0,000615	0,000972	816,6	0,0018	1,9193	1,5814	turb.	0,0034
0,9110	0,0525	1,3286	0,001389	0,000538	0,000846	732,2	0,0006	2,5828	1,5735	lam.	0,0057
0,8782	0,0637	1,3605	0,001371	0,000528	0,000829	717,9	0,0006	2,5988	1,5720	lam.	0,0057
0,8408	0,0734	1,3596	0,001594	0,000539	0,000832	727,1	0,0004	2,9565	1,5422	lam.	0,0075
0,7994	0,0818	1,3478	0,001549	0,000519	0,000800	703,3	0,0004	2,9836	1,5405	lam.	0,0075
0,7547	0,0896	1,3538	0,001401	0,000490	0,000759	668,9	0,0005	2,8599	1,5488	lam.	0,0067
0,7072	0,0965	1,3648	0,001260	0,000459	0,000716	632,0	0,0006	2,7427	1,5583	lam.	0,0059
0,6575	0,1022	1,3753	0,001143	0,000431	0,000675	596,6	0,0007	2,6517	1,5666	lam.	0,0054
0,6059	0,1065	1,3837	0,001042	0,000404	0,000636	561,5	0,0008	2,5795	1,5739	lam.	0,0050
0,5533	0,1091	1,3889	0,000961	0,000380	0,000600	528,2	0,0009	2,5305	1,5797	lam.	0,0047
0,5000	0,1100	1,3903	0,000892	0,000357	0,000566	496,4	0,0010	2,4945	1,5841	lam.	0,0044
0,4467	0,1091	1,3878	0,000831	0,000337	0,000534	465,4	0,0011	2,4692	1,5872	lam.	0,0042
0,3941	0,1065	1,3814	0,000777	0,000317	0,000504	434,8	0,0012	2,4533	1,5892	lam.	0,0040
0,3425	0,1022	1,3714	0,000730	0,000298	0,000474	405,2	0,0013	2,4469	1,5901	lam.	0,0039
0,2928	0,0965	1,3583	0,000687	0,000280	0,000445	376,4	0,0014	2,4515	1,5895	lam.	0,0038
0,2453	0,0896	1,3430	0,000647	0,000262	0,000415	347,5	0,0015	2,4727	1,5868	lam.	0,0037
0,2006	0,0818	1,3268	0,000613	0,000242	0,000383	318,1	0,0015	2,5292	1,5799	lam.	0,0036
0,1592	0,0735	1,3117	0,000593	0,000222	0,000347	288,6	0,0014	2,6772	1,5643	lam.	0,0038
0,1215	0,0650	1,3018	0,000533	0,000191	0,000297	250,6	0,0013	2,7876	1,5544	lam.	0,0039
0,0880	0,0566	1,3102	0,000427	0,000154	0,000240	205,7	0,0017	2,7671	1,5561	lam.	0,0034
0,0591	0,0483	1,3342	0,000299	0,000113	0,000178	154,7	0,0027	2,6376	1,5680	lam.	0,0027
0,0355	0,0398	1,3630	0,000182	0,000075	0,000120	103,5	0,0054	2,4259	1,5930	lam.	0,0019
0,0174	0,0309	1,3755	0,000101	0,000045	0,000073	58,5	0,0121	2,2469	1,6184	lam.	0,0013
0,0053	0,0214	1,2833	0,000078	0,000035	0,000057	28,6	0,0250	2,2352	1,6202	lam.	0,0009
-0,0005	0,0111	0,8156	0,000053	0,000024	0,000038	2,3	0,0001	2,2364	1,6200	lam.	0,0141
0,0000	0,0000	0,0540	0,000001	0,000000	0,000001	0,0	0,0000	2,2364	1,6200	lam.	0,0000
0,0060	-0,0093	0,8517	0,000052	0,000023	0,000038	2,4	0,0001	2,2364	1,6200	lam.	0,0141
0,0165	-0,0144	1,1823	0,000076	0,000034	0,000055	29,2	0,0245	2,2352	1,6202	lam.	0,0009
0,0315	-0,0156	1,1665	0,000117	0,000051	0,000083	61,4	0,0112	2,2670	1,6153	lam.	0,0013
0,0510	-0,0134	1,0748	0,000251	0,000095	0,000149	110,6	0,0037	2,6470	1,5671	lam.	0,0023
0,0748	-0,0083	0,9841	0,000311	0,000164	0,000260	175,6	0,0026	1,8968	1,5879	turb.	0,0028
0,1030	-0,0014	0,9089	0,000440	0,000277	0,000461	271,7	0,0038	1,5921	1,6652	turb.	0,0023
0,1354	0,0066	0,8544	0,000666	0,000427	0,000716	388,6	0,0037	1,5593	1,6758	turb.	0,0023
0,1717	0,0148	0,8192	0,000933	0,000604	0,001015	515,6	0,0035	1,5443	1,6809	turb.	0,0024
0,2117	0,0229	0,7929	0,001166	0,000769	0,001300	630,2	0,0035	1,5165	1,6908	turb.	0,0024
0,2547	0,0304	0,7725	0,001400	0,000938	0,001595	744,6	0,0035	1,4920	1,6997	turb.	0,0024
0,3005	0,0370	0,7567	0,001636	0,001112	0,001898	859,0	0,0036	1,4717	1,7074	turb.	0,0024
0,3484	0,0425	0,7449	0,001858	0,001277	0,002190	967,2	0,0036	1,4542	1,7142	turb.	0,0024
0,3980	0,0466	0,7366	0,002066	0,001438	0,002475	1071,6	0,0036	1,4372	1,7211	turb.	0,0024
0,4487	0,0491	0,7319	0,002252	0,001585	0,002739	1168,4	0,0036	1,4204	1,7280	turb.	0,0023
0,5000	0,0500	0,7305	0,002406	0,001714	0,002975	1255,5	0,0037	1,4033	1,7353	turb.	0,0023
0,5513	0,0491	0,7327	0,002525	0,001822	0,003176	1331,8	0,0037	1,3857	1,7430	turb.	0,0023
0,6020	0,0466	0,7383	0,002600	0,001900	0,003327	1393,0	0,0038	1,3683	1,7508	turb.	0,0023
0,6516	0,0425	0,7478	0,002633	0,001949	0,003429	1440,0	0,0039	1,3507	1,7590	turb.	0,0023
0,6995	0,0370	0,7615	0,002620	0,001966	0,003475	1471,0	0,0041	1,3330	1,7675	turb.	0,0022
0,7453	0,0304	0,7805	0,002562	0,001947	0,003458	1483,7	0,0042	1,3159	1,7760	turb.	0,0022
0,7883	0,0229	0,8085	0,002452	0,001889	0,003371	1475,4	0,0043	1,2984	1,7849	turb.	0,0021
0,8283	0,0150	0,8547	0,002269	0,001774	0,003185	1436,1	0,0045	1,2790	1,7952	turb.	0,0021
0,8649	0,0080	0,9010	0,001971	0,001571	0,002842	1343,6	0,0049	1,2544	1,8088	turb.	0,0020
0,8981	0,0027	0,9299	0,001752	0,001409	0,002558	1270,3	0,0050	1,2431	1,8152	turb.	0,0020
0,9274	-0,0004	0,9326	0,001687	0,001351	0,002447	1257,4	0,0050	1,2487	1,8119	turb.	0,0020
0,9524	-0,0017	0,9049	0,001786	0,001408	0,002535	1313,8	0,0047	1,2684	1,8008	turb.	0,0021
0,9727	-0,0017	0,8445	0,002112	0,001614	0,002873	1461,5	0,0043	1,3082	1,7796	turb.	0,0022
0,9877	-0,0010	0,7431	0,002900	0,002079	0,003612	1756,4	0,0035	1,3954	1,7379	turb.	0,0024
0,9969	-0,0003	0,5315	0,014146	0,001846	0,007337	981,9	0,0000	7,6613	3,9739	turb.	0,0000
1,0000	0,0000	0,3398	0,014146	0,001846	0,007337	627,7	0,0000	7,6613	3,9739	abgel.	0,0000

α	Ca	Cw	Cm 0.25		T.U.	T.L.	S.U.	S.L.	GZ	N.P.	D.P.	
[°]	[-]	[-]	[-]	[-]	[-]	[-]	[-]	[-]	[-]	[-]		
-19,0	-0,420	0,14196		-0,120	0,918	0,008	0,991	0,048	-2,961	0,505	-0,036	
-18,0	-0,413	0,12781		-0,122	0,917	0,009	0,991	0,051	-3,229	0,385	-0,046	
-17,0	-0,398	0,11665		-0,123	0,916	0,009	0,991	0,052	-3,413	0,331	-0,060	
-16,0	-0,376	0,10590		-0,125	0,914	0,009	0,990	0,054	-3,550	0,343	-0,083	
-15,0	-0,345	0,09427		-0,128	0,914	0,010	0,990	0,059	-3,662	0,337	-0,121	
-14,0	-0,305	0,08380		-0,131	0,913	0,010	0,990	0,064	-3,641	0,308	-0,180	
-13,0	-0,255	0,07481		-0,133	0,911	0,011	0,990	0,068	-3,407	0,296	-0,273	
-12,0	-0,195	0,06603		-0,136	0,907	0,012	0,989	0,073	-2,953	0,306	-0,449	
-11,0	-0,126	0,05761		-0,141	0,903	0,014	0,989	0,082	-2,182	0,316	-0,868	
-10,0	-0,048	0,04977		-0,146	0,900	0,016	0,989	0,096	-0,959	0,321	-2,809	
-9,0	0,038	0,04261		-0,152	0,897	0,017	0,989	0,115	0,893	0,318	4,249	
-8,0	0,131	0,03685		-0,158	0,735	0,019	0,987	0,135	3,542	0,336	1,462	
-7,0	0,229	0,03017		-0,169	0,693	0,019	0,986	0,179	7,606	0,413	0,985	
-6,0	0,342	0,01885		-0,193	0,662	0,020	0,986	0,338	18,149	0,503	0,813	
-5,0	0,514	0,00493		-0,241	0,628	0,022	0,985	0,992	104,127		0,419	0,718
-4,0	0,635	0,00506		-0,242	0,600	0,023	0,985	0,993	125,387		0,264	0,632
-3,0	0,756	0,00530		-0,244	0,567	0,026	0,985	0,993	142,765		0,263	0,573
-2,0	0,877	0,00561		-0,246	0,534	0,032	0,985	0,993	156,384		0,264	0,530
-1,0	0,997	0,00582		-0,247	0,503	0,038	0,985	0,993	171,300		0,264	0,498
0,0	1,112	0,00625		-0,249	0,461	0,045	0,984	0,993	177,937		0,264	0,474
1,0	1,226	0,00943		-0,250	0,072	0,056	0,984	0,993	129,992		0,264	0,454
2,0	1,337	0,01024		-0,252	0,044	0,069	0,983	0,993	130,550		0,265	0,438
3,0	1,443	0,01089		-0,254	0,029	0,091	0,983	0,993	132,474		0,266	0,426
4,0	1,542	0,01160		-0,255	0,022	0,132	0,982	0,994	132,957		0,266	0,416
5,0	1,634	0,01186		-0,257	0,016	0,949	0,982	0,992	137,776		0,268	0,407
6,0	1,717	0,01262		-0,258	0,013	0,949	0,981	0,992	136,047		0,270	0,401
7,0	1,788	0,01354		-0,260	0,011	0,951	0,980	0,992	132,058		0,274	0,395
8,0	1,848	0,01456		-0,261	0,010	0,952	0,980	0,992	126,936		0,278	0,391
9,0	1,895	0,01583		-0,263	0,008	0,952	0,978	0,992	119,710		0,292	0,389
10,0	1,918	0,01698		-0,264	0,008	0,954	0,977	0,992	112,991		0,431	0,388
11,0	1,911	0,01818		-0,266	0,007	0,954	0,975	0,993	105,120		0,170	0,389
12,0	1,883	0,01955		-0,267	0,006	0,955	0,972	0,993	96,309	0,213	0,392	
13,0	1,836	0,02107		-0,269	0,006	0,956	0,970	0,994	87,122	0,226	0,396	
14,0	1,773	0,02316		-0,270	0,005	0,956	0,966	0,994	76,557	0,234	0,402	
15,0	1,697	0,02581		-0,271	0,004	0,957	0,959	0,994	65,731	0,241	0,410	
16,0	1,608	0,02930		-0,271	0,003	0,957	0,941	0,995	54,879	0,276	0,419	
17,0	1,483	0,03670		-0,265	0,003	0,958	0,823	0,995	40,397	0,421	0,429	
18,0	1,219	0,10655		-0,205	0,002	0,959	0,220	0,996	11,443	0,486	0,418	
19,0	1,109	0,14289		-0,177	0,002	0,959	0,104	0,996	7,764	0,420	0,410	
20,0	1,031	0,15942		-0,173	0,002	0,961	0,090	0,996	6,468	0,305	0,418	

Platte P06 10 50 Re: 10E6, Wasser

1,00000000	0,00000000
0,99771034	0,00222229
0,99076921	0,00865593
0,97898426	0,01863378
0,96211010	0,03114966
0,93994387	0,04500857
0,91242722	0,05901935
0,87972873	0,07221208
0,84228180	0,08405675
0,80075882	0,09465454
0,75588348	0,10441742
0,70818582	0,11306720
0,65818869	0,12022426
0,60644220	0,12557406
0,55351748	0,12888119
0,50000000	0,13000000
0,44648252	0,12888119
0,39355780	0,12557406
0,34181131	0,12022426
0,29181418	0,11306720
0,24411652	0,10441742
0,19924118	0,09465454
0,15767815	0,08420635
0,11987952	0,07352998
0,08626997	0,06304526
0,05736578	0,05277494
0,03372035	0,04256003
0,01582907	0,03226775
0,00409089	0,02179276
-0,00122423	0,01105540
0,00000000	0,00000000
0,00670233	-0,00887016
0,01776151	-0,01314730
0,03311441	-0,01316945
0,05273419	-0,00947309
0,07660882	-0,00277494
0,10471304	0,00605304
0,13697566	0,01601718
0,17319124	0,02624650
0,21297357	0,03624716
0,25588348	0,04558258
0,30144918	0,05384586
0,34917170	0,06067744
0,39853051	0,06578048

0,44898901	0,06893357
0,50000000	0,07000000
0,55101099	0,06893357
0,60146949	0,06578048
0,65082830	0,06067744
0,69855082	0,05384586
0,74411652	0,04558258
0,78702643	0,03624716
0,82684880	0,02639610
0,86341610	0,01733507
0,89658977	0,01007895
0,92608153	0,00499143
0,95143536	0,00193728
0,97207226	0,00046452
0,98737839	-0,00001048
0,99681156	-0,00003705
1,00000000	0,00000000

X	y	v/V
1,00000	0,00000	0,33135
0,99771	0,00222	0,57679
0,99077	0,00866	0,84263
0,97898	0,01863	1,01961
0,96211	0,03115	1,16567
0,93994	0,04501	1,28202
0,91243	0,05902	1,36293
0,87973	0,07221	1,40551
0,84228	0,08406	1,41455
0,80076	0,09465	1,41136
0,75588	0,10442	1,42531
0,70819	0,11307	1,44341
0,65819	0,12022	1,45988
0,60644	0,12557	1,47269
0,55352	0,12888	1,48062
0,50000	0,13000	1,48299
0,44648	0,12888	1,47953
0,39356	0,12557	1,47035
0,34181	0,12022	1,45588
0,29181	0,11307	1,43688
0,24412	0,10442	1,41445
0,19924	0,09465	1,39014
0,15768	0,08421	1,36620
0,11988	0,07353	1,34713
0,08627	0,06305	1,34580
0,05737	0,05277	1,35915
0,03372	0,04256	1,37635
0,01583	0,03227	1,37689
0,00409	0,02179	1,27650
-0,00122	0,01106	0,80809
0,00000	0,00000	0,06547
0,00670	-0,00887	0,85081
0,01776	-0,01315	1,15321
0,03311	-0,01317	1,12343

0,05273	-0,00947	1,02678
0,07661	-0,00277	0,93374
0,10471	0,00605	0,85695
0,13698	0,01602	0,80047
0,17319	0,02625	0,76289
0,21297	0,03625	0,73433
0,25588	0,04558	0,71185
0,30145	0,05385	0,69425
0,34917	0,06068	0,68097
0,39853	0,06578	0,67170
0,44899	0,06893	0,66632
0,50000	0,07000	0,66476
0,55101	0,06893	0,66705
0,60147	0,06578	0,67330
0,65083	0,06068	0,68371
0,69855	0,05385	0,69875
0,74412	0,04558	0,71938
0,78703	0,03625	0,74895
0,82685	0,02640	0,79621
0,86342	0,01734	0,84445
0,89659	0,01008	0,87741
0,92608	0,00499	0,88651
0,95144	0,00194	0,86731
0,97207	0,00046	0,81700
0,98738	-0,00001	0,72636
0,99681	-0,00004	0,52660
1,00000	0,00000	0,33135

α	Ca	Cw	Cm 0.25		Cp*	M krit.
[°]	[-]	[-]	[-]	[-]	[-]	
-20,0	-0,344	0,18484		-0,133	-22,609	0,169
-18,0	-0,313	0,15343		-0,136	-19,042	0,184
-16,0	-0,254	0,12310		-0,139	-15,723	0,201
-14,0	-0,159	0,09839		-0,144	-12,667	0,223
-12,0	-0,026	0,07781		-0,150	-9,889	0,250
-10,0	0,139	0,06107		-0,154	-7,404	0,285
-8,0	0,328	0,04842		-0,157	-5,222	0,333
-6,0	0,530	0,03856		-0,166	-3,355	0,400
-4,0	0,739	0,03017		-0,188	-2,093	0,478
-2,0	1,145	0,00689		-0,304	-1,122	0,586
-0,0	1,379	0,00790		-0,308	-1,199	0,575
2,0	1,600	0,00900		-0,312	-1,647	0,520
4,0	1,799	0,01965		-0,315	-2,516	0,447
6,0	1,965	0,02244		-0,319	-3,499	0,393
8,0	2,086	0,02579		-0,322	-4,590	0,351
10,0	2,136	0,02988		-0,326	-5,785	0,318
12,0	2,076	0,03464		-0,329	-7,077	0,291
14,0	1,935	0,04030		-0,332	-8,460	0,269
16,0	1,447	0,12445		-0,205	-11,293	0,235
18,0	1,269	0,15920		-0,191	-14,516	0,209
20,0	1,098	0,20028		-0,182	-18,071	0,189

x/l	y/l	v/V	δ_1	δ_2	δ_3	Reδ_2	C_f	H_12	H_32	Zust.	y1
[-]	[-]	[-]	[-]	[-]	[-]	[-]	[-]	[-]	[-]	[-]	[%]
1,0000	0,0000	0,3313	0,008188	0,004785	0,004287	1587,6	0,0000	1,7112	0,8959	abgel.	0,0000
0,9977	0,0022	0,5768	0,008188	0,004785	0,004287	2763,6	0,0000	1,7112	0,8959	abgel.	0,0000
0,9908	0,0087	0,8426	0,008188	0,004785	0,004287	4037,3	0,0000	1,7112	0,8959	abgel.	0,0000
0,9790	0,0186	1,0196	0,008188	0,004785	0,004287	4885,2	0,0000	1,7112	0,8959	turb.	0,0000
0,9621	0,0311	1,1657	0,001900	0,001288	0,002197	1651,4	0,0030	1,4748	1,7058	turb.	0,0026
0,9399	0,0450	1,2820	0,001393	0,000997	0,001732	1359,7	0,0037	1,3973	1,7378	turb.	0,0023
0,9124	0,0590	1,3629	0,001146	0,000835	0,001459	1174,5	0,0040	1,3731	1,7486	turb.	0,0022
0,8797	0,0722	1,4055	0,001025	0,000740	0,001289	1047,7	0,0040	1,3852	1,7433	turb.	0,0022
0,8423	0,0841	1,4145	0,000952	0,000662	0,001140	935,8	0,0037	1,4369	1,7213	turb.	0,0023
0,8008	0,0947	1,4114	0,000876	0,000562	0,000941	801,3	0,0031	1,5595	1,6763	turb.	0,0025
0,7559	0,1044	1,4253	0,001025	0,000480	0,000740	693,7	0,0013	2,1354	1,5423	turb.	0,0039
0,7082	0,1131	1,4434	0,001251	0,000443	0,000687	647,6	0,0005	2,8246	1,5515	lam.	0,0064
0,6582	0,1202	1,4599	0,001104	0,000411	0,000643	606,2	0,0006	2,6843	1,5636	lam.	0,0056
0,6064	0,1256	1,4727	0,000988	0,000382	0,000601	566,6	0,0008	2,5841	1,5734	lam.	0,0050
0,5535	0,1289	1,4806	0,000900	0,000357	0,000564	530,0	0,0009	2,5204	1,5809	lam.	0,0047
0,5000	0,1300	1,4830	0,000828	0,000334	0,000531	495,5	0,0010	2,4745	1,5866	lam.	0,0044
0,4465	0,1289	1,4795	0,000769	0,000315	0,000500	463,2	0,0012	2,4429	1,5906	lam.	0,0041
0,3936	0,1256	1,4704	0,000717	0,000296	0,000472	431,6	0,0013	2,4223	1,5932	lam.	0,0039
0,3418	0,1202	1,4559	0,000673	0,000279	0,000445	401,8	0,0014	2,4119	1,5946	lam.	0,0038
0,2918	0,1131	1,4369	0,000634	0,000263	0,000419	372,3	0,0015	2,4124	1,5946	lam.	0,0036
0,2441	0,1044	1,4145	0,000598	0,000246	0,000392	342,8	0,0016	2,4278	1,5925	lam.	0,0035
0,1992	0,0947	1,3901	0,000568	0,000230	0,000364	314,2	0,0017	2,4718	1,5869	lam.	0,0035
0,1577	0,0842	1,3662	0,000547	0,000211	0,000332	284,9	0,0016	2,5879	1,5730	lam.	0,0036
0,1199	0,0735	1,3471	0,000492	0,000183	0,000287	247,0	0,0016	2,6821	1,5638	lam.	0,0036
0,0863	0,0630	1,3458	0,000398	0,000149	0,000232	202,3	0,0019	2,6802	1,5639	lam.	0,0032
0,0574	0,0528	1,3591	0,000291	0,000112	0,000177	154,9	0,0029	2,5907	1,5726	lam.	0,0026
0,0337	0,0426	1,3764	0,000183	0,000076	0,000121	105,1	0,0054	2,4131	1,5946	lam.	0,0019
0,0158	0,0323	1,3769	0,000102	0,000045	0,000074	58,7	0,0120	2,2465	1,6184	lam.	0,0013
0,0041	0,0218	1,2765	0,000079	0,000036	0,000058	28,8	0,0248	2,2352	1,6202	lam.	0,0009
-0,0012	0,0111	0,8081	0,000050	0,000022	0,000036	2,5	0,0001	2,2364	1,6200	lam.	0,0141
0,0000	0,0000	0,0655	0,000001	0,000000	0,000001	0,0	0,0000	2,2364	1,6200	lam.	0,0000
0,0067	-0,0089	0,8508	0,000050	0,000022	0,000036	2,5	0,0001	2,2364	1,6200	lam.	0,0141
0,0178	-0,0131	1,1532	0,000077	0,000035	0,000056	29,5	0,0243	2,2352	1,6202	lam.	0,0009
0,0331	-0,0132	1,1234	0,000122	0,000053	0,000086	62,2	0,0110	2,2732	1,6143	lam.	0,0014
0,0527	-0,0095	1,0268	0,000270	0,000099	0,000155	111,9	0,0034	2,7103	1,5611	lam.	0,0024
0,0766	-0,0028	0,9337	0,000324	0,000174	0,000278	178,9	0,0027	1,8606	1,5953	turb.	0,0027
0,1047	0,0061	0,8569	0,000487	0,000302	0,000500	281,4	0,0036	1,6142	1,6582	turb.	0,0023
0,1370	0,0160	0,8005	0,000749	0,000469	0,000780	402,2	0,0034	1,5970	1,6634	turb.	0,0024
0,1732	0,0262	0,7629	0,001064	0,000668	0,001111	534,3	0,0032	1,5936	1,6645	turb.	0,0025
0,2130	0,0362	0,7343	0,001344	0,000856	0,001431	653,8	0,0032	1,5710	1,6720	turb.	0,0025
0,2559	0,0456	0,7118	0,001632	0,001054	0,001771	774,6	0,0032	1,5481	1,6797	turb.	0,0025
0,3014	0,0538	0,6943	0,001907	0,001248	0,002105	889,6	0,0032	1,5279	1,6867	turb.	0,0025
0,3492	0,0607	0,6810	0,002172	0,001441	0,002441	1001,6	0,0032	1,5076	1,6940	turb.	0,0025
0,3985	0,0658	0,6717	0,002416	0,001625	0,002766	1107,9	0,0033	1,4863	1,7019	turb.	0,0025
0,4490	0,0689	0,6663	0,002615	0,001786	0,003055	1201,4	0,0033	1,4640	1,7104	turb.	0,0024
0,5000	0,0700	0,6648	0,002770	0,001923	0,003308	1283,3	0,0034	1,4399	1,7200	turb.	0,0024
0,5510	0,0689	0,6671	0,002869	0,002028	0,003510	1350,1	0,0035	1,4146	1,7304	turb.	0,0024
0,6015	0,0658	0,6733	0,002912	0,002096	0,003651	1400,3	0,0037	1,3890	1,7415	turb.	0,0023
0,6508	0,0607	0,6837	0,002898	0,002125	0,003726	1432,9	0,0038	1,3638	1,7529	turb.	0,0023
0,6986	0,0538	0,6988	0,002831	0,002114	0,003730	1447,5	0,0040	1,3393	1,7645	turb.	0,0022
0,7441	0,0456	0,7194	0,002716	0,002063	0,003662	1443,2	0,0042	1,3168	1,7755	turb.	0,0022
0,7870	0,0362	0,7490	0,002550	0,001969	0,003517	1418,2	0,0044	1,2954	1,7865	turb.	0,0021
0,8268	0,0264	0,7962	0,002313	0,001817	0,003267	1363,0	0,0047	1,2732	1,7983	turb.	0,0021
0,8634	0,0173	0,8444	0,001970	0,001579	0,002862	1259,9	0,0050	1,2480	1,8124	turb.	0,0020
0,8966	0,0101	0,8774	0,001724	0,001393	0,002533	1179,0	0,0052	1,2374	1,8185	turb.	0,0020
0,9261	0,0050	0,8865	0,001634	0,001315	0,002387	1155,1	0,0052	1,2430	1,8152	turb.	0,0020
0,9514	0,0019	0,8673	0,001699	0,001346	0,002429	1195,1	0,0049	1,2620	1,8044	turb.	0,0020
0,9721	0,0005	0,8170	0,001949	0,001504	0,002686	1306,2	0,0045	1,2959	1,7860	turb.	0,0021
0,9874	-0,0000	0,7264	0,002576	0,001883	0,003295	1540,2	0,0037	1,3682	1,7503	turb.	0,0023
0,9968	-0,0000	0,5266	0,013787	0,001693	0,007110	892,9	0,0000	8,1415	4,1983	turb.	0,0000
1,0000	0,0000	0,3313	0,013787	0,001693	0,007110	561,8	0,0000	8,1415	4,1983	abgel.	0,0000

α Ca Cw Cm 0.25 T.U. T.L. S.U. S.L. GZ N.P. D.P.

[°]	[-]	[-]	[-]	[-]	[-]	[-]	[-]	[-]	[-]	[-]		
-19,0	-0,333	0,14144		-0,149	0,913	0,009	0,990	0,048	-2,356	0,341	-0,196	
-18,0	-0,315	0,12949		-0,150	0,910	0,009	0,990	0,049	-2,430	0,326	-0,227	
-17,0	-0,289	0,11676		-0,152	0,906	0,009	0,990	0,050	-2,474	0,313	-0,276	
-16,0	-0,255	0,10424		-0,154	0,903	0,010	0,989	0,052	-2,444	0,309	-0,354	
-15,0	-0,212	0,09396		-0,156	0,900	0,010	0,989	0,055	-2,255	0,308	-0,488	
-14,0	-0,160	0,08419		-0,160	0,896	0,011	0,989	0,058	-1,895	0,307	-0,750	
-13,0	-0,098	0,07488		-0,163	0,894	0,011	0,989	0,063	-1,305	0,305	-1,418	
-12,0	-0,027	0,06607		-0,167	0,890	0,012	0,988	0,068	-0,403	0,301	-6,020	
-11,0	0,053	0,05824		-0,171	0,889	0,013	0,988	0,074	0,912	0,302	3,465	
-10,0	0,140	0,05323		-0,176	0,723	0,015	0,986	0,083	2,638	0,311	1,500	
-9,0	0,234	0,04674		-0,182	0,697	0,017	0,986	0,095	5,012	0,324	1,025	
-8,0	0,334	0,04053		-0,190	0,671	0,019	0,986	0,115	8,237	0,326	0,819	
-7,0	0,437	0,03551		-0,197	0,649	0,020	0,985	0,133	12,308	0,335	0,701	
-6,0	0,545	0,03049		-0,208	0,624	0,021	0,985	0,168	17,877	0,412	0,631	
-5,0	0,669	0,02169		-0,234	0,606	0,022	0,984	0,298	30,836	0,511	0,601	
-4,0	0,900	0,00575		-0,300	0,576	0,024	0,984	0,993	156,638		0,442	0,584
-3,0	1,023	0,00595		-0,302	0,557	0,026	0,984	0,994	172,082		0,267	0,546
-2,0	1,145	0,00634		-0,304	0,526	0,031	0,983	0,994	180,537		0,267	0,516
-1,0	1,263	0,00657		-0,306	0,505	0,038	0,983	0,994	192,179		0,268	0,493
0,0	1,376	0,00701		-0,309	0,471	0,044	0,983	0,994	196,237		0,268	0,474
1,0	1,492	0,00741		-0,311	0,447	0,053	0,982	0,994	201,354		0,268	0,458
2,0	1,602	0,01181		-0,312	0,051	0,067	0,981	0,994	135,596		0,269	0,445
3,0	1,705	0,01279		-0,314	0,030	0,086	0,980	0,994	133,295		0,270	0,434
4,0	1,802	0,01348		-0,316	0,023	0,115	0,980	0,994	133,708		0,271	0,426
5,0	1,891	0,01440		-0,318	0,015	0,300	0,979	0,994	131,335		0,273	0,418
6,0	1,969	0,01506		-0,320	0,012	0,954	0,978	0,992	130,731		0,276	0,413
7,0	2,036	0,01610		-0,322	0,009	0,955	0,977	0,992	126,440		0,282	0,408
8,0	2,090	0,01727		-0,324	0,009	0,955	0,976	0,993	121,023		0,290	0,405
9,0	2,130	0,01856		-0,326	0,007	0,955	0,974	0,993	114,737		0,322	0,403
10,0	2,141	0,01983		-0,328	0,007	0,956	0,972	0,994	107,985		-0,243	0,403
11,0	2,122	0,02130		-0,330	0,006	0,957	0,971	0,994	99,658	0,190	0,405	
12,0	2,082	0,02273		-0,331	0,005	0,957	0,968	0,994	91,611	0,215	0,409	
13,0	2,022	0,02441		-0,333	0,005	0,959	0,966	0,995	82,835	0,226	0,415	
14,0	1,946	0,02659		-0,335	0,004	0,960	0,963	0,995	73,158	0,232	0,422	
15,0	1,855	0,02902		-0,336	0,003	0,960	0,957	0,996	63,927	0,236	0,431	
16,0	1,756	0,03167		-0,337	0,002	0,961	0,950	0,996	55,451	0,240	0,442	
17,0	1,650	0,03541		-0,338	0,001	0,962	0,938	0,997	46,596	0,247	0,455	
18,0	1,538	0,03951		-0,338	0,001	0,964	0,912	0,997	38,921	0,344	0,470	
19,0	1,333	0,06947		-0,308	0,001	0,966	0,564	0,997	19,193	0,502	0,481	
20,0	1,124	0,14891		-0,234	0,001	0,967	0,138	0,997	7,551	0,607	0,458	

Platte P06 05 20 Re: 10E6, Wasser

1,00000000	0,00000000
0,99741124	0,00154824
0,98964318	0,00597455
0,97669751	0,01266139
0,95859883	0,02070067
0,93542220	0,02906039
0,90732270	0,03678920
0,87455974	0,04323369
0,83751003	0,04824067
0,79666459	0,05231631
0,75256866	0,05625702
0,70572060	0,06011235
0,65663365	0,06378573
0,60584563	0,06719196
0,55391297	0,07026012
0,50140471	0,07293585
0,44889616	0,07518278
0,39696268	0,07698333
0,34617332	0,07833852
0,29708459	0,07926707
0,25023437	0,07980377
0,20613600	0,07999707
0,16285192	0,07839516
0,12314358	0,07312772
0,08792031	0,06532577
0,05771215	0,05577704
0,03311969	0,04506703
0,01470437	0,03374552
0,00290931	0,02227420
-0,00200329	0,01097653
0,00000000	0,00000000
0,00748139	-0,00825623
0,01894309	-0,01164646
0,03423911	-0,01077094
0,05333485	-0,00651125
0,07626244	-0,00000799
0,10306270	0,00736916
0,13371160	0,01406575
0,16801747	0,01861794
0,20607875	0,01999710
0,24976563	0,01980560
0,29617877	0,01927391
0,34480969	0,01835402

0,39512563	0,01701146
0,44657538	0,01522768
0,49859529	0,01300165
0,55061549	0,01035080
0,60206606	0,00731112
0,65238334	0,00393646
0,70101605	0,00029708
0,74743134	-0,00352264
0,79112066	-0,00742701
0,83162057	-0,01115834
0,86858509	-0,01370392
0,90169430	-0,01434111
0,93060320	-0,01301471
0,95494663	-0,01018582
0,97435900	-0,00663703
0,98850442	-0,00326166
0,99711066	-0,00086465
1,00000000	0,00000000

X	y	v/V
1,00000	0,00000	0,35653
0,99741	0,00155	0,54169
0,98964	0,00597	0,81186
0,97670	0,01266	0,96844
0,95860	0,02070	1,08518
0,93542	0,02906	1,16651
0,90732	0,03679	1,21008
0,87456	0,04323	1,21689
0,83751	0,04824	1,19526
0,79666	0,05232	1,16708
0,75257	0,05626	1,15839
0,70572	0,06011	1,15739
0,65663	0,06379	1,15945
0,60585	0,06719	1,16327
0,55391	0,07026	1,16834
0,50140	0,07294	1,17449
0,44890	0,07518	1,18188
0,39696	0,07698	1,19099
0,34617	0,07834	1,20275
0,29708	0,07927	1,21910
0,25023	0,07980	1,24352
0,20614	0,08000	1,30438
0,16285	0,07840	1,37776
0,12314	0,07313	1,37091
0,08792	0,06533	1,34515
0,05771	0,05578	1,30418
0,03312	0,04507	1,23715
0,01470	0,03375	1,11632
0,00291	0,02227	0,84734
-0,00200	0,01098	0,20342
0,00000	0,00000	0,70902
0,00748	-0,00826	1,39997
0,01894	-0,01165	1,49225

0,03424	-0,01077	1,30729
0,05333	-0,00651	1,12065
0,07626	-0,00001	0,97550
0,10306	0,00737	0,87093
0,13371	0,01407	0,80649
0,16802	0,01862	0,78181
0,20608	0,02000	0,81941
0,24977	0,01981	0,85583
0,29618	0,01927	0,86924
0,34481	0,01835	0,87841
0,39513	0,01701	0,88563
0,44658	0,01523	0,89222
0,49860	0,01300	0,89890
0,55062	0,01035	0,90617
0,60207	0,00731	0,91445
0,65238	0,00394	0,92426
0,70102	0,00030	0,93630
0,74743	-0,00352	0,95189
0,79112	-0,00743	0,97528
0,83162	-0,01116	1,01727
0,86859	-0,01370	1,05602
0,90169	-0,01434	1,07143
0,93060	-0,01301	1,05420
0,95495	-0,01019	1,00114
0,97436	-0,00664	0,91203
0,98850	-0,00326	0,78002
0,99711	-0,00086	0,52838
1,00000	0,00000	0,35653

α	Ca	Cw	Cm 0.25		Cp*	M krit.
[°]	[-]	[-]	[-]	[-]	[-]	
-20,0	-0,500	0,19990		-0,039	-26,816	0,156
-18,0	-0,524	0,16916		-0,039	-23,089	0,168
-16,0	-0,533	0,13633		-0,040	-19,575	0,182
-14,0	-0,519	0,10727		-0,040	-16,292	0,198
-12,0	-0,474	0,08524		-0,041	-13,256	0,219
-10,0	-0,391	0,06615		-0,042	-10,482	0,244
-8,0	-0,271	0,05175		-0,043	-7,983	0,276
-6,0	-0,117	0,04036		-0,044	-5,771	0,319
-4,0	0,061	0,03289		-0,044	-3,857	0,378
-2,0	0,252	0,03136		-0,049	-2,251	0,466
-0,0	0,449	0,02895		-0,054	-1,227	0,571
2,0	0,782	0,00969		-0,091	-1,195	0,576
4,0	1,012	0,01044		-0,094	-1,660	0,519
6,0	1,229	0,01137		-0,096	-2,555	0,445
8,0	1,419	0,01540		-0,098	-3,569	0,390
10,0	1,571	0,01928		-0,101	-4,699	0,348
12,0	1,669	0,02453		-0,104	-5,937	0,315
14,0	1,503	0,05844		-0,090	-7,279	0,288
16,0	1,400	0,08873		-0,086	-8,717	0,266
18,0	1,278	0,11786		-0,086	-10,294	0,246
20,0	1,132	0,15496		-0,084	-13,437	0,217

x/l	y/l	v/V	δ_1	δ_2	δ_3	Reδ_2	C_f	H_12	H_32	Zust.	y1
[-]	[-]	[-]	[-]	[-]	[-]	[-]	[-]	[-]	[-]	[-]	[%]
1,0000	0,0000	0,3565	0,015286	0,005725	0,008153	2045,2	0,0000	2,6703	1,4242	abgel.	0,0000
0,9974	0,0015	0,5417	0,015286	0,005725	0,008153	3107,3	0,0000	2,6703	1,4242	abgel.	0,0000
0,9896	0,0060	0,8119	0,015286	0,005725	0,008153	4657,1	0,0000	2,6703	1,4242	turb.	0,0000
0,9767	0,0127	0,9684	0,003696	0,002553	0,004382	2776,4	0,0028	1,4476	1,7162	turb.	0,0027
0,9586	0,0207	1,0852	0,002660	0,001975	0,003477	2306,9	0,0036	1,3469	1,7605	turb.	0,0024
0,9354	0,0291	1,1665	0,002214	0,001697	0,003022	2056,9	0,0040	1,3051	1,7814	turb.	0,0022
0,9073	0,0368	1,2101	0,002068	0,001599	0,002858	1950,0	0,0041	1,2934	1,7875	turb.	0,0022
0,8746	0,0432	1,2169	0,002111	0,001618	0,002883	1937,9	0,0040	1,3045	1,7818	turb.	0,0022
0,8375	0,0482	1,1953	0,002212	0,001666	0,002950	1948,9	0,0038	1,3274	1,7702	turb.	0,0023
0,7967	0,0523	1,1671	0,002172	0,001623	0,002864	1883,7	0,0038	1,3385	1,7648	turb.	0,0023
0,7526	0,0563	1,1584	0,002067	0,001537	0,002708	1782,8	0,0038	1,3447	1,7618	turb.	0,0023
0,7057	0,0601	1,1574	0,001936	0,001435	0,002525	1667,0	0,0038	1,3492	1,7597	turb.	0,0023
0,6566	0,0638	1,1594	0,001791	0,001323	0,002326	1542,4	0,0039	1,3534	1,7577	turb.	0,0023
0,6058	0,0672	1,1633	0,001633	0,001203	0,002111	1408,0	0,0039	1,3579	1,7556	turb.	0,0023
0,5539	0,0703	1,1683	0,001471	0,001079	0,001892	1270,1	0,0040	1,3631	1,7532	turb.	0,0022
0,5014	0,0729	1,1745	0,001305	0,000953	0,001668	1128,5	0,0040	1,3697	1,7501	turb.	0,0022
0,4489	0,0752	1,1819	0,001139	0,000826	0,001443	985,9	0,0041	1,3785	1,7462	turb.	0,0022
0,3970	0,0770	1,1910	0,000968	0,000695	0,001209	837,6	0,0041	1,3922	1,7401	turb.	0,0022
0,3462	0,0783	1,2027	0,000800	0,000564	0,000976	689,5	0,0041	1,4180	1,7290	turb.	0,0022
0,2971	0,0793	1,2191	0,000652	0,000437	0,000744	544,8	0,0038	1,4909	1,7003	turb.	0,0023
0,2502	0,0798	1,2435	0,000539	0,000298	0,000479	389,8	0,0025	1,8075	1,6070	turb.	0,0028
0,2061	0,0800	1,3044	0,000533	0,000210	0,000331	289,4	0,0016	2,5446	1,5780	lam.	0,0035
0,1629	0,0784	1,3778	0,000440	0,000178	0,000282	244,4	0,0021	2,4745	1,5866	lam.	0,0031
0,1231	0,0731	1,3709	0,000366	0,000150	0,000238	201,5	0,0027	2,4464	1,5902	lam.	0,0027
0,0879	0,0653	1,3452	0,000293	0,000122	0,000194	158,8	0,0036	2,4119	1,5947	lam.	0,0024
0,0577	0,0558	1,3042	0,000221	0,000093	0,000150	115,7	0,0052	2,3635	1,6013	lam.	0,0020
0,0331	0,0451	1,2371	0,000150	0,000066	0,000106	73,6	0,0091	2,2829	1,6129	lam.	0,0015
0,0147	0,0337	1,1163	0,000090	0,000040	0,000065	34,1	0,0210	2,2356	1,6201	lam.	0,0010
0,0029	0,0223	0,8473	0,000033	0,000015	0,000024	3,5	0,0001	2,2364	1,6200	lam.	0,0141
-0,0020	0,0110	0,2034	0,000001	0,000000	0,000001	0,0	0,0000	2,2364	1,6200	lam.	0,0000
0,0000	0,0000	0,7090	0,000034	0,000015	0,000024	3,5	0,0001	2,2364	1,6200	lam.	0,0141
0,0075	-0,0083	1,4000	0,000096	0,000043	0,000070	30,6	0,0234	2,2362	1,6200	lam.	0,0009
0,0189	-0,0116	1,4922	0,000083	0,000037	0,000060	52,0	0,0139	2,2317	1,6207	lam.	0,0012
0,0342	-0,0108	1,3073	0,000156	0,000064	0,000102	95,8	0,0058	2,4360	1,5917	lam.	0,0019
0,0533	-0,0065	1,1206	0,000266	0,000143	0,000228	186,3	0,0027	1,8626	1,5936	turb.	0,0027
0,0763	-0,0000	0,9755	0,000547	0,000288	0,000457	323,8	0,0023	1,8974	1,5839	turb.	0,0030
0,1031	0,0074	0,8709	0,001743	0,001036	0,000900	904,0	0,0000	1,6827	0,8692	turb.	0,0000
0,1337	0,0141	0,8065	0,001743	0,001036	0,000900	837,1	0,0000	1,6827	0,8692	abgel.	0,0000
0,1680	0,0186	0,7818	0,001743	0,001036	0,000900	811,5	0,0000	1,6827	0,8692	abgel.	0,0000
0,2061	0,0200	0,8194	0,001743	0,001036	0,000900	850,5	0,0000	1,6827	0,8692	abgel.	0,0000
0,2498	0,0198	0,8558	0,001743	0,001036	0,000900	888,3	0,0000	1,6827	0,8692	abgel.	0,0000
0,2962	0,0193	0,8692	0,001743	0,001036	0,000900	902,3	0,0000	1,6827	0,8692	abgel.	0,0000
0,3448	0,0184	0,8784	0,001743	0,001036	0,000900	911,8	0,0000	1,6827	0,8692	abgel.	0,0000
0,3951	0,0170	0,8856	0,001743	0,001036	0,000900	919,3	0,0000	1,6827	0,8692	abgel.	0,0000
0,4466	0,0152	0,8922	0,001743	0,001036	0,000900	926,1	0,0000	1,6827	0,8692	abgel.	0,0000
0,4986	0,0130	0,8989	0,001743	0,001036	0,000900	933,0	0,0000	1,6827	0,8692	abgel.	0,0000
0,5506	0,0104	0,9062	0,001743	0,001036	0,000900	940,6	0,0000	1,6827	0,8692	abgel.	0,0000
0,6021	0,0073	0,9145	0,001743	0,001036	0,000900	949,2	0,0000	1,6827	0,8692	abgel.	0,0000
0,6524	0,0039	0,9243	0,001743	0,001036	0,000900	959,4	0,0000	1,6827	0,8692	abgel.	0,0000
0,7010	0,0003	0,9363	0,001743	0,001036	0,000900	971,9	0,0000	1,6827	0,8692	abgel.	0,0000
0,7474	-0,0035	0,9519	0,001743	0,001036	0,000900	988,1	0,0000	1,6827	0,8692	abgel.	0,0000
0,7911	-0,0074	0,9753	0,001743	0,001036	0,000900	1012,3	0,0000	1,6827	0,8692	abgel.	0,0000
0,8316	-0,0112	1,0173	0,001743	0,001036	0,000900	1055,9	0,0000	1,6827	0,8692	abgel.	0,0000
0,8686	-0,0137	1,0560	0,001743	0,001036	0,000900	1096,1	0,0000	1,6827	0,8692	abgel.	0,0000
0,9017	-0,0143	1,0714	0,001743	0,001036	0,000900	1112,1	0,0000	1,6827	0,8692	abgel.	0,0000
0,9306	-0,0130	1,0542	0,001743	0,001036	0,000900	1094,2	0,0000	1,6827	0,8692	abgel.	0,0000
0,9549	-0,0102	1,0011	0,001743	0,001036	0,000900	1039,2	0,0000	1,6827	0,8692	abgel.	0,0000
0,9744	-0,0066	0,9120	0,001743	0,001036	0,000900	946,7	0,0000	1,6827	0,8692	abgel.	0,0000
0,9885	-0,0033	0,7800	0,001743	0,001036	0,000900	809,6	0,0000	1,6827	0,8692	abgel.	0,0000
0,9971	-0,0009	0,5284	0,001743	0,001036	0,000900	548,5	0,0000	1,6827	0,8692	abgel.	0,0000
1,0000	0,0000	0,3565	0,001743	0,001036	0,000900	370,1	0,0000	1,6827	0,8692	abgel.	0,0000

α	Ca	Cw	Cm 0.25		T.U.	T.L.	S.U.	S.L.	GZ	N.P.	D.P.	
[°]	[-]	[-]	[-]	[-]	[-]	[-]	[-]	[-]	[-]	[-]		
-19,0	-0,516	0,14886		-0,044	0,934	0,009	0,990	0,042	-3,465	0,244	0,164	
-18,0	-0,526	0,13565		-0,045	0,932	0,010	0,990	0,043	-3,881	0,255	0,165	
-17,0	-0,533	0,12409		-0,044	0,930	0,009	0,990	0,043	-4,297	0,252	0,167	
-16,0	-0,535	0,11144		-0,045	0,928	0,010	0,990	0,044	-4,805	0,383	0,167	
-15,0	-0,532	0,10005		-0,045	0,927	0,009	0,990	0,045	-5,316	0,276	0,166	
-14,0	-0,522	0,09039		-0,045	0,926	0,010	0,990	0,047	-5,770	0,261	0,164	
-13,0	-0,503	0,08084		-0,045	0,925	0,010	0,990	0,047	-6,224	0,261	0,161	
-12,0	-0,476	0,07178		-0,045	0,924	0,010	0,990	0,049	-6,633	0,264	0,155	
-11,0	-0,440	0,06403		-0,046	0,923	0,011	0,990	0,051	-6,866	0,260	0,146	
-10,0	-0,393	0,05624		-0,046	0,921	0,011	0,989	0,053	-6,994	0,261	0,132	
-9,0	-0,337	0,04987		-0,047	0,921	0,012	0,989	0,056	-6,765	0,263	0,111	
-8,0	-0,272	0,04389		-0,048	0,920	0,012	0,989	0,060	-6,203	0,265	0,074	
-7,0	-0,199	0,03856		-0,049	0,919	0,014	0,989	0,066	-5,151	0,265	0,003	
-6,0	-0,118	0,03497		-0,050	0,225	0,015	0,990	0,072	-3,362	0,266	-0,176	
-5,0	-0,030	0,03108		-0,052	0,206	0,017	0,990	0,080	-0,980	0,271	-1,443	
-4,0	0,062	0,02744		-0,054	0,193	0,020	0,990	0,096	2,246	0,274	1,126	
-3,0	0,158	0,02473		-0,056	0,185	0,021	0,989	0,111	6,372	0,385	0,606	
-2,0	0,310	0,00341		-0,088	0,179	0,022	0,989	0,991	90,753	0,369	0,533	
-1,0	0,429	0,00341		-0,088	0,175	0,023	0,989	0,991	125,753		0,258	0,456
0,0	0,548	0,00342		-0,089	0,172	0,025	0,989	0,991	160,149		0,258	0,413
1,0	0,667	0,00344		-0,090	0,168	0,029	0,989	0,991	193,850		0,259	0,386
2,0	0,783	0,00345		-0,091	0,165	0,035	0,989	0,992	226,794		0,259	0,367
3,0	0,899	0,00356		-0,093	0,154	0,041	0,989	0,991	252,549		0,260	0,353
4,0	1,013	0,00370		-0,094	0,130	0,048	0,988	0,992	273,836		0,261	0,342
5,0	1,124	0,00398		-0,095	0,096	0,062	0,988	0,992	282,346		0,262	0,334
6,0	1,231	0,00435		-0,096	0,054	0,076	0,987	0,992	283,167		0,263	0,328
7,0	1,330	0,00470		-0,098	0,029	0,102	0,986	0,992	283,017		0,264	0,323
8,0	1,421	0,00435		-0,099	0,022	0,937	0,985	0,992	327,064		0,266	0,320
9,0	1,504	0,00482		-0,100	0,013	0,937	0,983	0,993	311,851		0,269	0,317
10,0	1,575	0,01246		-0,102	0,010	0,938	0,981	0,993	126,397		0,273	0,315
11,0	1,634	0,01379		-0,103	0,008	0,939	0,978	0,994	118,535		0,279	0,313
12,0	1,679	0,01544		-0,105	0,007	0,940	0,972	0,994	108,752		0,295	0,312
13,0	1,700	0,01702		-0,106	0,006	0,941	0,965	0,995	99,908	0,510	0,313	
14,0	1,691	0,01932		-0,108	0,005	0,942	0,955	0,996	87,523	0,186	0,314	
15,0	1,658	0,02213		-0,109	0,004	0,943	0,932	0,997	74,944	0,278	0,316	
16,0	1,524	0,03595		-0,103	0,004	0,944	0,651	0,997	42,397	0,292	0,318	
17,0	1,419	0,05521		-0,099	0,003	0,946	0,488	0,998	25,704	0,290	0,320	
18,0	1,322	0,07747		-0,095	0,002	0,947	0,370	0,998	17,067	0,281	0,322	
19,0	1,238	0,09558		-0,093	0,001	0,949	0,310	0,998	12,955	0,269	0,325	
20,0	1,156	0,11409		-0,092	0,001	0,952	0,267	0,998	10,136	0,266	0,330	

Platte P06 05 30 Re: 10E6, Wasser

1,00000000	0,00000000
0,99741124	0,00154824
0,98964318	0,00597455
0,97669751	0,01266139
0,95859883	0,02070067
0,93542220	0,02906039
0,90732270	0,03678920
0,87455974	0,04323369
0,83751003	0,04824067
0,79666459	0,05231631
0,75256866	0,05625702
0,70572060	0,06011235
0,65663365	0,06378573
0,60584563	0,06719196
0,55391297	0,07026012
0,50140471	0,07293585
0,44889616	0,07518278
0,39696268	0,07698333
0,34617332	0,07833852
0,29708459	0,07926707
0,25023437	0,07980377
0,20613600	0,07999707
0,16285192	0,07839516
0,12314358	0,07312772
0,08792031	0,06532577
0,05771215	0,05577704
0,03311969	0,04506703
0,01470437	0,03374552
0,00290931	0,02227420
-0,00200329	0,01097653
0,00000000	0,00000000
0,00748139	-0,00825623
0,01894309	-0,01164646
0,03423911	-0,01077094
0,05333485	-0,00651125
0,07626244	-0,00000799
0,10306270	0,00736916
0,13371160	0,01406575
0,16801747	0,01861794
0,20607875	0,01999710

0,24976563	0,01980560
0,29617877	0,01927391
0,34480969	0,01835402
0,39512563	0,01701146
0,44657538	0,01522768
0,49859529	0,01300165
0,55061549	0,01035080
0,60206606	0,00731112
0,65238334	0,00393646
0,70101605	0,00029708
0,74743134	-0,00352264
0,79112066	-0,00742701
0,83162057	-0,01115834
0,86858509	-0,01370392
0,90169430	-0,01434111
0,93060320	-0,01301471
0,95494663	-0,01018582
0,97435900	-0,00663703
0,98850442	-0,00326166
0,99711066	-0,00086465
1,00000000	0,00000000

1,00000	0,00000	0,35653
0,99741	0,00155	0,54169
0,98964	0,00597	0,81186
0,97670	0,01266	0,96844
0,95860	0,02070	1,08518
0,93542	0,02906	1,16651
0,90732	0,03679	1,21008
0,87456	0,04323	1,21689
0,83751	0,04824	1,19526
0,79666	0,05232	1,16708
0,75257	0,05626	1,15839
0,70572	0,06011	1,15739
0,65663	0,06379	1,15945
0,60585	0,06719	1,16327
0,55391	0,07026	1,16834
0,50140	0,07294	1,17449
0,44890	0,07518	1,18188
0,39696	0,07698	1,19099
0,34617	0,07834	1,20275
0,29708	0,07927	1,21910
0,25023	0,07980	1,24352
0,20614	0,08000	1,30438
0,16285	0,07840	1,37776
0,12314	0,07313	1,37091
0,08792	0,06533	1,34515
0,05771	0,05578	1,30418
0,03312	0,04507	1,23715
0,01470	0,03375	1,11632
0,00291	0,02227	0,84734
-0,00200	0,01098	0,20342

0,00000	0,00000	0,70902
0,00748	-0,00826	1,39997
0,01894	-0,01165	1,49225
0,03424	-0,01077	1,30729
0,05333	-0,00651	1,12065
0,07626	-0,00001	0,97550
0,10306	0,00737	0,87093
0,13371	0,01407	0,80649
0,16802	0,01862	0,78181
0,20608	0,02000	0,81941
0,24977	0,01981	0,85583
0,29618	0,01927	0,86924
0,34481	0,01835	0,87841
0,39513	0,01701	0,88563
0,44658	0,01523	0,89222
0,49860	0,01300	0,89890
0,55062	0,01035	0,90617
0,60207	0,00731	0,91445
0,65238	0,00394	0,92426
0,70102	0,00030	0,93630
0,74743	-0,00352	0,95189
0,79112	-0,00743	0,97528
0,83162	-0,01116	1,01727
0,86859	-0,01370	1,05602
0,90169	-0,01434	1,07143
0,93060	-0,01301	1,05420
0,95495	-0,01019	1,00114
0,97436	-0,00664	0,91203
0,98850	-0,00326	0,78002
0,99711	-0,00086	0,52838
1,00000	0,00000	0,35653

x/l	y/l	v/V	δ_1	δ_2	δ_3	$Re\delta_2$	C_f	H_{12}	H_{32}	Zust.	y1
[-]	[-]	[-]	[-]	[-]	[-]	[-]	[-]	[-]	[-]	[-]	[%]
1,0000	0,0000	0,3565	0,015286	0,005725	0,008153	2045,2	0,0000	2,6703	1,4242	abgel.	0,0000
0,9974	0,0015	0,5417	0,015286	0,005725	0,008153	3107,3	0,0000	2,6703	1,4242	abgel.	0,0000
0,9896	0,0060	0,8119	0,015286	0,005725	0,008153	4657,1	0,0000	2,6703	1,4242	turb.	0,0000
0,9767	0,0127	0,9684	0,003696	0,002553	0,004382	2776,4	0,0028	1,4476	1,7162	turb.	0,0027
0,9586	0,0207	1,0852	0,002660	0,001975	0,003477	2306,9	0,0036	1,3469	1,7605	turb.	0,0024
0,9354	0,0291	1,1665	0,002214	0,001697	0,003022	2056,9	0,0040	1,3051	1,7814	turb.	0,0022
0,9073	0,0368	1,2101	0,002068	0,001599	0,002858	1950,0	0,0041	1,2934	1,7875	turb.	0,0022
0,8746	0,0432	1,2169	0,002111	0,001618	0,002883	1937,9	0,0040	1,3045	1,7818	turb.	0,0022
0,8375	0,0482	1,1953	0,002212	0,001666	0,002950	1948,9	0,0038	1,3274	1,7702	turb.	0,0023
0,7967	0,0523	1,1671	0,002172	0,001623	0,002864	1883,7	0,0038	1,3385	1,7648	turb.	0,0023
0,7526	0,0563	1,1584	0,002067	0,001537	0,002708	1782,8	0,0038	1,3447	1,7618	turb.	0,0023
0,7057	0,0601	1,1574	0,001936	0,001435	0,002525	1667,0	0,0038	1,3492	1,7597	turb.	0,0023
0,6566	0,0638	1,1594	0,001791	0,001323	0,002326	1542,4	0,0039	1,3534	1,7577	turb.	0,0023
0,6058	0,0672	1,1633	0,001633	0,001203	0,002111	1408,0	0,0039	1,3579	1,7556	turb.	0,0023
0,5539	0,0703	1,1683	0,001471	0,001079	0,001892	1270,1	0,0040	1,3631	1,7532	turb.	0,0022
0,5014	0,0729	1,1745	0,001305	0,000953	0,001668	1128,5	0,0040	1,3697	1,7501	turb.	0,0022
0,4489	0,0752	1,1819	0,001139	0,000826	0,001443	985,9	0,0041	1,3785	1,7462	turb.	0,0022
0,3970	0,0770	1,1910	0,000968	0,000695	0,001209	837,6	0,0041	1,3922	1,7401	turb.	0,0022
0,3462	0,0783	1,2027	0,000800	0,000564	0,000976	689,5	0,0041	1,4180	1,7290	turb.	0,0022
0,2971	0,0793	1,2191	0,000652	0,000437	0,000744	544,8	0,0038	1,4909	1,7003	turb.	0,0023
0,2502	0,0798	1,2435	0,000539	0,000298	0,000479	389,8	0,0025	1,8075	1,6070	turb.	0,0028
0,2061	0,0800	1,3044	0,000533	0,000210	0,000331	289,4	0,0016	2,5446	1,5780	lam.	0,0035
0,1629	0,0784	1,3778	0,000440	0,000178	0,000282	244,4	0,0021	2,4745	1,5866	lam.	0,0031
0,1231	0,0731	1,3709	0,000366	0,000150	0,000238	201,5	0,0027	2,4464	1,5902	lam.	0,0027
0,0879	0,0653	1,3452	0,000293	0,000122	0,000194	158,8	0,0036	2,4119	1,5947	lam.	0,0024
0,0577	0,0558	1,3042	0,000221	0,000093	0,000150	115,7	0,0052	2,3635	1,6013	lam.	0,0020
0,0331	0,0451	1,2371	0,000150	0,000066	0,000106	73,6	0,0091	2,2829	1,6129	lam.	0,0015
0,0147	0,0337	1,1163	0,000090	0,000040	0,000065	34,1	0,0210	2,2356	1,6201	lam.	0,0010
0,0029	0,0223	0,8473	0,000033	0,000015	0,000024	3,5	0,0001	2,2364	1,6200	lam.	0,0141
-0,0020	0,0110	0,2034	0,000001	0,000000	0,000001	0,0	0,0000	2,2364	1,6200	lam.	0,0000
0,0000	0,0000	0,7090	0,000034	0,000015	0,000024	3,5	0,0001	2,2364	1,6200	lam.	0,0141
0,0075	-0,0083	1,4000	0,000096	0,000043	0,000070	30,6	0,0234	2,2362	1,6200	lam.	0,0009
0,0189	-0,0116	1,4922	0,000083	0,000037	0,000060	52,0	0,0139	2,2317	1,6207	lam.	0,0012
0,0342	-0,0108	1,3073	0,000156	0,000064	0,000102	95,8	0,0058	2,4360	1,5917	lam.	0,0019
0,0533	-0,0065	1,1206	0,000266	0,000143	0,000228	186,3	0,0027	1,8626	1,5936	turb.	0,0027
0,0763	-0,0000	0,9755	0,000547	0,000288	0,000457	323,8	0,0023	1,8974	1,5839	turb.	0,0030
0,1031	0,0074	0,8709	0,001743	0,001036	0,000900	904,0	0,0000	1,6827	0,8692	turb.	0,0000
0,1337	0,0141	0,8065	0,001743	0,001036	0,000900	837,1	0,0000	1,6827	0,8692	abgel.	0,0000
0,1680	0,0186	0,7818	0,001743	0,001036	0,000900	811,5	0,0000	1,6827	0,8692	abgel.	0,0000
0,2061	0,0200	0,8194	0,001743	0,001036	0,000900	850,5	0,0000	1,6827	0,8692	abgel.	0,0000
0,2498	0,0198	0,8558	0,001743	0,001036	0,000900	888,3	0,0000	1,6827	0,8692	abgel.	0,0000
0,2962	0,0193	0,8692	0,001743	0,001036	0,000900	902,3	0,0000	1,6827	0,8692	abgel.	0,0000
0,3448	0,0184	0,8784	0,001743	0,001036	0,000900	911,8	0,0000	1,6827	0,8692	abgel.	0,0000
0,3951	0,0170	0,8856	0,001743	0,001036	0,000900	919,3	0,0000	1,6827	0,8692	abgel.	0,0000
0,4466	0,0152	0,8922	0,001743	0,001036	0,000900	926,1	0,0000	1,6827	0,8692	abgel.	0,0000
0,4986	0,0130	0,8989	0,001743	0,001036	0,000900	933,0	0,0000	1,6827	0,8692	abgel.	0,0000
0,5506	0,0104	0,9062	0,001743	0,001036	0,000900	940,6	0,0000	1,6827	0,8692	abgel.	0,0000
0,6021	0,0073	0,9145	0,001743	0,001036	0,000900	949,2	0,0000	1,6827	0,8692	abgel.	0,0000
0,6524	0,0039	0,9243	0,001743	0,001036	0,000900	959,4	0,0000	1,6827	0,8692	abgel.	0,0000
0,7010	0,0003	0,9363	0,001743	0,001036	0,000900	971,9	0,0000	1,6827	0,8692	abgel.	0,0000
0,7474	-0,0035	0,9519	0,001743	0,001036	0,000900	988,1	0,0000	1,6827	0,8692	abgel.	0,0000
0,7911	-0,0074	0,9753	0,001743	0,001036	0,000900	1012,3	0,0000	1,6827	0,8692	abgel.	0,0000
0,8316	-0,0112	1,0173	0,001743	0,001036	0,000900	1055,9	0,0000	1,6827	0,8692	abgel.	0,0000
0,8686	-0,0137	1,0560	0,001743	0,001036	0,000900	1096,1	0,0000	1,6827	0,8692	abgel.	0,0000
0,9017	-0,0143	1,0714	0,001743	0,001036	0,000900	1112,1	0,0000	1,6827	0,8692	abgel.	0,0000
0,9306	-0,0130	1,0542	0,001743	0,001036	0,000900	1094,2	0,0000	1,6827	0,8692	abgel.	0,0000
0,9549	-0,0102	1,0011	0,001743	0,001036	0,000900	1039,2	0,0000	1,6827	0,8692	abgel.	0,0000
0,9744	-0,0066	0,9120	0,001743	0,001036	0,000900	946,7	0,0000	1,6827	0,8692	abgel.	0,0000
0,9885	-0,0033	0,7800	0,001743	0,001036	0,000900	809,6	0,0000	1,6827	0,8692	abgel.	0,0000
0,9971	-0,0009	0,5284	0,001743	0,001036	0,000900	548,5	0,0000	1,6827	0,8692	abgel.	0,0000
1,0000	0,0000	0,3565	0,001743	0,001036	0,000900	370,1	0,0000	1,6827	0,8692	abgel.	0,0000

α	Ca	Cw	Cm 0.25		T.U.	T.L.	S.U.	S.L.	GZ	N.P.	D.P.	
[°]	[-]	[-]	[-]	[-]	[-]	[-]	[-]	[-]	[-]	[-]		
-19,0	-0,516	0,14886		-0,044	0,934	0,009	0,990	0,042	-3,465	0,244	0,164	
-18,0	-0,526	0,13565		-0,045	0,932	0,010	0,990	0,043	-3,881	0,255	0,165	
-17,0	-0,533	0,12409		-0,044	0,930	0,009	0,990	0,043	-4,297	0,252	0,167	
-16,0	-0,535	0,11144		-0,045	0,928	0,010	0,990	0,044	-4,805	0,383	0,167	
-15,0	-0,532	0,10005		-0,045	0,927	0,009	0,990	0,045	-5,316	0,276	0,166	
-14,0	-0,522	0,09039		-0,045	0,926	0,010	0,990	0,047	-5,770	0,261	0,164	
-13,0	-0,503	0,08084		-0,045	0,925	0,010	0,990	0,047	-6,224	0,261	0,161	
-12,0	-0,476	0,07178		-0,045	0,924	0,010	0,990	0,049	-6,633	0,264	0,155	
-11,0	-0,440	0,06403		-0,046	0,923	0,011	0,990	0,051	-6,866	0,260	0,146	
-10,0	-0,393	0,05624		-0,046	0,921	0,011	0,989	0,053	-6,994	0,261	0,132	
-9,0	-0,337	0,04987		-0,047	0,921	0,012	0,989	0,056	-6,765	0,263	0,111	
-8,0	-0,272	0,04389		-0,048	0,920	0,012	0,989	0,060	-6,203	0,265	0,074	
-7,0	-0,199	0,03856		-0,049	0,919	0,014	0,989	0,066	-5,151	0,265	0,003	
-6,0	-0,118	0,03497		-0,050	0,225	0,015	0,990	0,072	-3,362	0,266	-0,176	
-5,0	-0,030	0,03108		-0,052	0,206	0,017	0,990	0,080	-0,980	0,271	-1,443	
-4,0	0,062	0,02744		-0,054	0,193	0,020	0,990	0,096	2,246	0,274	1,126	
-3,0	0,158	0,02473		-0,056	0,185	0,021	0,989	0,111	6,372	0,385	0,606	
-2,0	0,310	0,00341		-0,088	0,179	0,022	0,989	0,991	90,753	0,369	0,533	
-1,0	0,429	0,00341		-0,088	0,175	0,023	0,989	0,991	125,753		0,258	0,456
0,0	0,548	0,00342		-0,089	0,172	0,025	0,989	0,991	160,149		0,258	0,413
1,0	0,667	0,00344		-0,090	0,168	0,029	0,989	0,991	193,850		0,259	0,386
2,0	0,783	0,00345		-0,091	0,165	0,035	0,989	0,992	226,794		0,259	0,367
3,0	0,899	0,00356		-0,093	0,154	0,041	0,989	0,991	252,549		0,260	0,353
4,0	1,013	0,00370		-0,094	0,130	0,048	0,988	0,992	273,836		0,261	0,342
5,0	1,124	0,00398		-0,095	0,096	0,062	0,988	0,992	282,346		0,262	0,334
6,0	1,231	0,00435		-0,096	0,054	0,076	0,987	0,992	283,167		0,263	0,328
7,0	1,330	0,00470		-0,098	0,029	0,102	0,986	0,992	283,017		0,264	0,323
8,0	1,421	0,00435		-0,099	0,022	0,937	0,985	0,992	327,064		0,266	0,320
9,0	1,504	0,00482		-0,100	0,013	0,937	0,983	0,993	311,851		0,269	0,317
10,0	1,575	0,01246		-0,102	0,010	0,938	0,981	0,993	126,397		0,273	0,315
11,0	1,634	0,01379		-0,103	0,008	0,939	0,978	0,994	118,535		0,279	0,313
12,0	1,679	0,01544		-0,105	0,007	0,940	0,972	0,994	108,752		0,295	0,312
13,0	1,700	0,01702		-0,106	0,006	0,941	0,965	0,995	99,908	0,510	0,313	
14,0	1,691	0,01932		-0,108	0,005	0,942	0,955	0,996	87,523	0,186	0,314	
15,0	1,658	0,02213		-0,109	0,004	0,943	0,932	0,997	74,944	0,278	0,316	
16,0	1,524	0,03595		-0,103	0,004	0,944	0,651	0,997	42,397	0,292	0,318	
17,0	1,419	0,05521		-0,099	0,003	0,946	0,488	0,998	25,704	0,290	0,320	
18,0	1,322	0,07747		-0,095	0,002	0,947	0,370	0,998	17,067	0,281	0,322	
19,0	1,238	0,09558		-0,093	0,001	0,949	0,310	0,998	12,955	0,269	0,325	
20,0	1,156	0,11409		-0,092	0,001	0,952	0,267	0,998	10,136	0,266	0,330	

Platte P06 05 40 Re: 10E6, Wasser

1,00000000	0,00000000
0,99745993	0,00165484
0,98982520	0,00639645
0,97706267	0,01359336
0,95914955	0,02231314
0,93611406	0,03148805
0,90807799	0,04011946
0,87529032	0,04749645
0,83814202	0,05340129
0,79715559	0,05827322
0,75290298	0,06284533
0,70588746	0,06711178
0,65662412	0,07092884
0,60565276	0,07417447
0,55353197	0,07675315
0,50083301	0,07859954
0,44813353	0,07968088
0,39596998	0,07999502
0,34447006	0,07905411
0,29469755	0,07659852
0,24719978	0,07283778
0,20249829	0,06803388
0,16108311	0,06248869
0,12340740	0,05652961
0,08989180	0,05044623
0,06099775	0,04412207
0,03719888	0,03725807
0,01891769	0,02959475
0,00649358	0,02092266
0,00015532	0,01108862
0,00000000	0,00000000
0,00532279	-0,00972378
0,01535882	-0,01553417
0,03002579	-0,01773317
0,04925566	-0,01681231
0,07297685	-0,01343298
0,10109121	-0,00839962
0,13344777	-0,00262435
0,16978628	0,00312326
0,20971646	0,00846965
0,25280022	0,01309972
0,29856580	0,01672335
0,34651294	0,01908890
0,39611833	0,01999520
0,44733801	0,01968615

0,49916699 0,01862268
0,55099650 0,01680674
0,60225893 0,01427053
0,65239287 0,01107822
0,70084918 0,00732369
0,74709702 0,00312690
0,79062966 -0,00137083
0,83098858 -0,00585879
0,86785450 -0,00926882
0,90093900 -0,01082191
0,92991135 -0,01040542
0,95439591 -0,00842310
0,97399385 -0,00560247
0,98832240 -0,00278755
0,99706196 -0,00074391
1,00000000 0,00000000

x/l	y/l	v/V	δ_1	δ_2	δ_3	Reδ_2	C_f	H_12	H_32	Zust.	y1
[-]	[-]	[-]	[-]	[-]	[-]	[-]	[-]	[-]	[-]	[-]	[%]
1,0000	0,0000	0,3565	0,015286	0,005725	0,008153	2045,2	0,0000	2,6703	1,4242	abgel.	0,0000
0,9974	0,0015	0,5417	0,015286	0,005725	0,008153	3107,3	0,0000	2,6703	1,4242	abgel.	0,0000
0,9896	0,0060	0,8119	0,015286	0,005725	0,008153	4657,1	0,0000	2,6703	1,4242	turb.	0,0000
0,9767	0,0127	0,9684	0,003696	0,002553	0,004382	2776,4	0,0028	1,4476	1,7162	turb.	0,0027
0,9586	0,0207	1,0852	0,002660	0,001975	0,003477	2306,9	0,0036	1,3469	1,7605	turb.	0,0024
0,9354	0,0291	1,1665	0,002214	0,001697	0,003022	2056,9	0,0040	1,3051	1,7814	turb.	0,0022
0,9073	0,0368	1,2101	0,002068	0,001599	0,002858	1950,0	0,0041	1,2934	1,7875	turb.	0,0022
0,8746	0,0432	1,2169	0,002111	0,001618	0,002883	1937,9	0,0040	1,3045	1,7818	turb.	0,0022
0,8375	0,0482	1,1953	0,002212	0,001666	0,002950	1948,9	0,0038	1,3274	1,7702	turb.	0,0023
0,7967	0,0523	1,1671	0,002172	0,001623	0,002864	1883,7	0,0038	1,3385	1,7648	turb.	0,0023
0,7526	0,0563	1,1584	0,002067	0,001537	0,002708	1782,8	0,0038	1,3447	1,7618	turb.	0,0023
0,7057	0,0601	1,1574	0,001936	0,001435	0,002525	1667,0	0,0038	1,3492	1,7597	turb.	0,0023
0,6566	0,0638	1,1594	0,001791	0,001323	0,002326	1542,4	0,0039	1,3534	1,7577	turb.	0,0023
0,6058	0,0672	1,1633	0,001633	0,001203	0,002111	1408,0	0,0039	1,3579	1,7556	turb.	0,0023
0,5539	0,0703	1,1683	0,001471	0,001079	0,001892	1270,1	0,0040	1,3631	1,7532	turb.	0,0022
0,5014	0,0729	1,1745	0,001305	0,000953	0,001668	1128,5	0,0040	1,3697	1,7501	turb.	0,0022
0,4489	0,0752	1,1819	0,001139	0,000826	0,001443	985,9	0,0041	1,3785	1,7462	turb.	0,0022
0,3970	0,0770	1,1910	0,000968	0,000695	0,001209	837,6	0,0041	1,3922	1,7401	turb.	0,0022
0,3462	0,0783	1,2027	0,000800	0,000564	0,000976	689,5	0,0041	1,4180	1,7290	turb.	0,0022
0,2971	0,0793	1,2191	0,000652	0,000437	0,000744	544,8	0,0038	1,4909	1,7003	turb.	0,0023
0,2502	0,0798	1,2435	0,000539	0,000298	0,000479	389,8	0,0025	1,8075	1,6070	turb.	0,0028
0,2061	0,0800	1,3044	0,000533	0,000210	0,000331	289,4	0,0016	2,5446	1,5780	lam.	0,0035
0,1629	0,0784	1,3778	0,000440	0,000178	0,000282	244,4	0,0021	2,4745	1,5866	lam.	0,0031
0,1231	0,0731	1,3709	0,000366	0,000150	0,000238	201,5	0,0027	2,4464	1,5902	lam.	0,0027
0,0879	0,0653	1,3452	0,000293	0,000122	0,000194	158,8	0,0036	2,4119	1,5947	lam.	0,0024
0,0577	0,0558	1,3042	0,000221	0,000093	0,000150	115,7	0,0052	2,3635	1,6013	lam.	0,0020
0,0331	0,0451	1,2371	0,000150	0,000066	0,000106	73,6	0,0091	2,2829	1,6129	lam.	0,0015
0,0147	0,0337	1,1163	0,000090	0,000040	0,000065	34,1	0,0210	2,2356	1,6201	lam.	0,0010
0,0029	0,0223	0,8473	0,000033	0,000015	0,000024	3,5	0,0001	2,2364	1,6200	lam.	0,0141
-0,0020	0,0110	0,2034	0,000001	0,000000	0,000001	0,0	0,0000	2,2364	1,6200	lam.	0,0000
0,0000	0,0000	0,7090	0,000034	0,000015	0,000024	3,5	0,0001	2,2364	1,6200	lam.	0,0141
0,0075	-0,0083	1,4000	0,000096	0,000043	0,000070	30,6	0,0234	2,2362	1,6200	lam.	0,0009
0,0189	-0,0116	1,4922	0,000083	0,000037	0,000060	52,0	0,0139	2,2317	1,6207	lam.	0,0012
0,0342	-0,0108	1,3073	0,000156	0,000064	0,000102	95,8	0,0058	2,4360	1,5917	lam.	0,0019
0,0533	-0,0065	1,1206	0,000266	0,000143	0,000228	186,3	0,0027	1,8626	1,5936	turb.	0,0027
0,0763	-0,0000	0,9755	0,000547	0,000288	0,000457	323,8	0,0023	1,8974	1,5839	turb.	0,0030
0,1031	0,0074	0,8709	0,001743	0,001036	0,000900	904,0	0,0000	1,6827	0,8692	turb.	0,0000
0,1337	0,0141	0,8065	0,001743	0,001036	0,000900	837,1	0,0000	1,6827	0,8692	abgel.	0,0000
0,1680	0,0186	0,7818	0,001743	0,001036	0,000900	811,5	0,0000	1,6827	0,8692	abgel.	0,0000
0,2061	0,0200	0,8194	0,001743	0,001036	0,000900	850,5	0,0000	1,6827	0,8692	abgel.	0,0000
0,2498	0,0198	0,8558	0,001743	0,001036	0,000900	888,3	0,0000	1,6827	0,8692	abgel.	0,0000
0,2962	0,0193	0,8692	0,001743	0,001036	0,000900	902,3	0,0000	1,6827	0,8692	abgel.	0,0000
0,3448	0,0184	0,8784	0,001743	0,001036	0,000900	911,8	0,0000	1,6827	0,8692	abgel.	0,0000
0,3951	0,0170	0,8856	0,001743	0,001036	0,000900	919,3	0,0000	1,6827	0,8692	abgel.	0,0000
0,4466	0,0152	0,8922	0,001743	0,001036	0,000900	926,1	0,0000	1,6827	0,8692	abgel.	0,0000
0,4986	0,0130	0,8989	0,001743	0,001036	0,000900	933,0	0,0000	1,6827	0,8692	abgel.	0,0000
0,5506	0,0104	0,9062	0,001743	0,001036	0,000900	940,6	0,0000	1,6827	0,8692	abgel.	0,0000
0,6021	0,0073	0,9145	0,001743	0,001036	0,000900	949,2	0,0000	1,6827	0,8692	abgel.	0,0000

0,6524	0,0039	0,9243	0,001743	0,001036	0,000900	959,4	0,0000	1,6827	0,8692	abgel.	0,0000
0,7010	0,0003	0,9363	0,001743	0,001036	0,000900	971,9	0,0000	1,6827	0,8692	abgel.	0,0000
0,7474	-0,0035	0,9519	0,001743	0,001036	0,000900	988,1	0,0000	1,6827	0,8692	abgel.	0,0000
0,7911	-0,0074	0,9753	0,001743	0,001036	0,000900	1012,3	0,0000	1,6827	0,8692	abgel.	0,0000
0,8316	-0,0112	1,0173	0,001743	0,001036	0,000900	1055,9	0,0000	1,6827	0,8692	abgel.	0,0000
0,8686	-0,0137	1,0560	0,001743	0,001036	0,000900	1096,1	0,0000	1,6827	0,8692	abgel.	0,0000
0,9017	-0,0143	1,0714	0,001743	0,001036	0,000900	1112,1	0,0000	1,6827	0,8692	abgel.	0,0000
0,9306	-0,0130	1,0542	0,001743	0,001036	0,000900	1094,2	0,0000	1,6827	0,8692	abgel.	0,0000
0,9549	-0,0102	1,0011	0,001743	0,001036	0,000900	1039,2	0,0000	1,6827	0,8692	abgel.	0,0000
0,9744	-0,0066	0,9120	0,001743	0,001036	0,000900	946,7	0,0000	1,6827	0,8692	abgel.	0,0000
0,9885	-0,0033	0,7800	0,001743	0,001036	0,000900	809,6	0,0000	1,6827	0,8692	abgel.	0,0000
0,9971	-0,0009	0,5284	0,001743	0,001036	0,000900	548,5	0,0000	1,6827	0,8692	abgel.	0,0000
1,0000	0,0000	0,3565	0,001743	0,001036	0,000900	370,1	0,0000	1,6827	0,8692	abgel.	0,0000

α	Ca	Cw	Cm 0.25		T.U.	T.L.	S.U.	S.L.	GZ	N.P.	D.P.	
[°]	[-]	[-]	[-]	[-]	[-]	[-]	[-]	[-]	[-]	[-]		
-19,0	-0,542	0,14651		-0,063	0,930	0,008	0,991	0,050	-3,697	0,213	0,133	
-18,0	-0,552	0,13216		-0,064	0,927	0,008	0,991	0,050	-4,177	0,159	0,135	
-17,0	-0,558	0,12077		-0,065	0,926	0,008	0,991	0,053	-4,620	-0,112	0,134	
-16,0	-0,558	0,10804		-0,066	0,925	0,009	0,991	0,055	-5,162	0,554	0,132	
-15,0	-0,550	0,09683		-0,067	0,924	0,009	0,991	0,060	-5,684	0,354	0,128	
-14,0	-0,534	0,08669		-0,068	0,922	0,010	0,990	0,063	-6,163	0,312	0,122	
-13,0	-0,509	0,07653		-0,070	0,921	0,010	0,991	0,068	-6,648	0,298	0,113	
-12,0	-0,473	0,06781		-0,071	0,920	0,011	0,990	0,072	-6,975	0,296	0,100	
-11,0	-0,427	0,05914		-0,073	0,919	0,013	0,991	0,082	-7,221	0,304	0,078	
-10,0	-0,371	0,05068		-0,077	0,918	0,015	0,990	0,098	-7,321	0,299	0,044	
-9,0	-0,305	0,04365		-0,079	0,917	0,016	0,990	0,113	-6,982	0,292	-0,010	
-8,0	-0,230	0,03740		-0,083	0,916	0,017	0,990	0,132	-6,138	0,324	-0,109	
-7,0	-0,148	0,02838		-0,091	0,915	0,018	0,990	0,208	-5,224	0,515	-0,364	
-6,0	-0,068	0,00259		-0,125	0,914	0,019	0,989	0,990	-26,051	0,432	-1,606	
-5,0	0,046	0,00301		-0,126	0,635	0,020	0,988	0,991	15,139	0,259	3,027	
-4,0	0,161	0,00329		-0,127	0,423	0,021	0,988	0,991	48,997	0,259	1,040	
-3,0	0,279	0,00322		-0,129	0,402	0,023	0,988	0,991	86,514	0,259	0,711	
-2,0	0,398	0,00315		-0,130	0,379	0,028	0,988	0,991	126,287		0,259	0,576
-1,0	0,517	0,00311		-0,131	0,360	0,034	0,988	0,991	166,029		0,259	0,503
0,0	0,636	0,00307		-0,132	0,346	0,039	0,987	0,991	206,723		0,260	0,457
1,0	0,752	0,00366		-0,133	0,082	0,047	0,988	0,992	205,220		0,260	0,427
2,0	0,866	0,00379		-0,134	0,051	0,061	0,988	0,991	228,414		0,260	0,405
3,0	0,978	0,00397		-0,135	0,034	0,080	0,987	0,992	246,326		0,261	0,389
4,0	1,085	0,00410		-0,137	0,027	0,116	0,987	0,992	264,575		0,262	0,376
5,0	1,187	0,00353		-0,138	0,021	0,937	0,986	0,991	335,872		0,262	0,366
6,0	1,281	0,00379		-0,139	0,016	0,937	0,985	0,991	338,514		0,264	0,359
7,0	1,368	0,00409		-0,140	0,013	0,938	0,985	0,991	334,800		0,265	0,353
8,0	1,444	0,01086		-0,142	0,012	0,938	0,983	0,991	133,009		0,268	0,348
9,0	1,510	0,01174		-0,143	0,011	0,939	0,982	0,992	128,622		0,271	0,345
10,0	1,563	0,01278		-0,144	0,010	0,940	0,981	0,992	122,305		0,281	0,342
11,0	1,592	0,01387		-0,145	0,009	0,940	0,980	0,992	114,722		0,326	0,341
12,0	1,596	0,01529		-0,147	0,008	0,942	0,977	0,992	104,320		0,036	0,342
13,0	1,580	0,01662		-0,148	0,008	0,942	0,973	0,993	95,116	0,202	0,343	
14,0	1,548	0,01831		-0,149	0,007	0,943	0,967	0,993	84,534	0,224	0,346	
15,0	1,500	0,02066		-0,150	0,006	0,945	0,957	0,993	72,609	0,281	0,350	
16,0	1,381	0,03067		-0,144	0,005	0,946	0,742	0,993	45,023	0,363	0,354	
17,0	1,171	0,09443		-0,113	0,004	0,948	0,212	0,993	12,401	0,393	0,346	
18,0	1,086	0,12232		-0,101	0,003	0,949	0,120	0,994	8,882	0,337	0,343	
19,0	1,021	0,13716		-0,100	0,003	0,952	0,105	0,994	7,446	0,284	0,348	
20,0	0,955	0,15495		-0,097	0,003	0,954	0,088	0,994	6,165	0,291	0,352	

Platte P06 05 60 Re: 10E6, Wasser

1,00000000	0,00000000
0,99755391	0,00186236
0,99017325	0,00721556
0,97774919	0,01539344
0,96015718	0,02540095
0,93732747	0,03607536
0,90931708	0,04628938
0,87636252	0,05517411
0,83889442	0,06233547
0,79750171	0,06803388
0,75280022	0,07283778
0,70530245	0,07659852
0,65552994	0,07905411
0,60403002	0,07999502
0,55186647	0,07968088
0,49916699	0,07859954
0,44646803	0,07675315
0,39434724	0,07417447
0,34337588	0,07092884
0,29411254	0,06711178
0,24709702	0,06284533
0,20284441	0,05827322
0,16183942	0,05355504
0,12453110	0,04885969
0,09133475	0,04430997
0,06268215	0,03961856
0,03899368	0,03431872
0,02063453	0,02799766
0,00789682	0,02031786
0,00098417	0,01103304
0,00000000	0,00000000
0,00449393	-0,01012210
0,01395558	-0,01670895
0,02830895	-0,02000676
0,04746086	-0,02042868
0,07129245	-0,01853593
0,09964826	-0,01501242
0,13232407	-0,01063207
0,16902997	-0,00601254
0,20937034	-0,00137083
0,25290298	0,00312690
0,29915082	0,00732369
0,34760713	0,01107822
0,39774107	0,01427053

0,44900350	0,01680674
0,50083301	0,01862268
0,55266199	0,01968615
0,60388167	0,01999520
0,65348706	0,01908890
0,70143420	0,01672335
0,74719978	0,01309972
0,79028354	0,00846965
0,83023618	0,00327648
0,86678230	-0,00126884
0,89969991	-0,00424277
0,92869794	-0,00538628
0,95338828	-0,00495519
0,97330732	-0,00353186
0,98797435	-0,00182707
0,99696798	-0,00049753
1,00000000	0,00000000

x/l	y/l	v/V	δ_1	δ_2	δ_3	Reδ_2	C_f	H_12	H_32	Zust.	y1
[-]	[-]	[-]	[-]	[-]	[-]	[-]	[-]	[-]	[-]	[-]	[%]
1,0000	0,0000	0,3465	0,014623	0,006970	0,007819	2415,1	0,0000	2,0980	1,1218	abgel.	0,0000
0,9976	0,0019	0,5688	0,014623	0,006970	0,007819	3964,5	0,0000	2,0980	1,1218	abgel.	0,0000
0,9902	0,0072	0,8376	0,014623	0,006970	0,007819	5838,1	0,0000	2,0980	1,1218	turb.	0,0000
0,9777	0,0154	1,0089	0,004329	0,002825	0,004757	3232,9	0,0024	1,5325	1,6841	turb.	0,0029
0,9602	0,0254	1,1445	0,002894	0,002088	0,003639	2600,3	0,0032	1,3857	1,7426	turb.	0,0025
0,9373	0,0361	1,2464	0,002271	0,001713	0,003034	2244,0	0,0037	1,3254	1,7711	turb.	0,0023
0,9093	0,0463	1,3099	0,002027	0,001554	0,002768	2072,1	0,0040	1,3045	1,7817	turb.	0,0022
0,8764	0,0552	1,3335	0,001978	0,001514	0,002695	2004,1	0,0040	1,3068	1,7806	turb.	0,0022
0,8389	0,0623	1,3240	0,001993	0,001510	0,002679	1968,4	0,0039	1,3199	1,7739	turb.	0,0023
0,7975	0,0680	1,3034	0,001898	0,001436	0,002547	1866,5	0,0039	1,3215	1,7731	turb.	0,0023
0,7528	0,0728	1,2994	0,001773	0,001344	0,002386	1746,1	0,0040	1,3187	1,7745	turb.	0,0022
0,7053	0,0766	1,2987	0,001653	0,001256	0,002232	1627,5	0,0041	1,3155	1,7762	turb.	0,0022
0,6555	0,0791	1,2952	0,001578	0,001195	0,002120	1530,9	0,0041	1,3198	1,7740	turb.	0,0022
0,6040	0,0800	1,2808	0,001523	0,001145	0,002025	1445,1	0,0041	1,3307	1,7686	turb.	0,0022
0,5519	0,0797	1,2623	0,001421	0,001064	0,001878	1333,2	0,0041	1,3361	1,7660	turb.	0,0022
0,4992	0,0786	1,2535	0,001306	0,000974	0,001717	1213,7	0,0042	1,3413	1,7635	turb.	0,0022
0,4465	0,0768	1,2463	0,001183	0,000879	0,001547	1089,7	0,0042	1,3467	1,7609	turb.	0,0022
0,3943	0,0742	1,2400	0,001059	0,000783	0,001376	966,2	0,0043	1,3528	1,7580	turb.	0,0022
0,3434	0,0709	1,2343	0,000933	0,000686	0,001204	843,2	0,0044	1,3601	1,7546	turb.	0,0021
0,2941	0,0671	1,2291	0,000808	0,000590	0,001033	723,0	0,0045	1,3692	1,7504	turb.	0,0021
0,2471	0,0628	1,2251	0,000680	0,000492	0,000858	601,5	0,0045	1,3824	1,7445	turb.	0,0021
0,2028	0,0583	1,2229	0,000558	0,000397	0,000688	486,1	0,0046	1,4062	1,7341	turb.	0,0021
0,1618	0,0536	1,2246	0,000451	0,000304	0,000517	374,4	0,0042	1,4843	1,7030	turb.	0,0022
0,1245	0,0489	1,2342	0,000460	0,000223	0,000347	281,8	0,0018	2,0653	1,5554	turb.	0,0033
0,0913	0,0443	1,2652	0,000603	0,000173	0,000263	227,5	0,0004	3,4858	1,5204	lam.	0,0068
0,0627	0,0396	1,3170	0,000357	0,000123	0,000189	169,3	0,0016	2,9143	1,5447	lam.	0,0035
0,0390	0,0343	1,3814	0,000200	0,000080	0,000126	114,6	0,0043	2,5085	1,5825	lam.	0,0021
0,0206	0,0280	1,4398	0,000104	0,000046	0,000074	65,1	0,0107	2,2590	1,6165	lam.	0,0014
0,0079	0,0203	1,4024	0,000074	0,000033	0,000054	32,5	0,0220	2,2352	1,6202	lam.	0,0010
0,0010	0,0110	0,9813	0,000038	0,000017	0,000028	3,0	0,0001	2,2364	1,6200	lam.	0,0141
0,0000	0,0000	0,1276	0,000001	0,000000	0,000001	0,0	0,0000	2,2364	1,6200	lam.	0,0000
0,0045	-0,0101	0,6995	0,000040	0,000018	0,000029	2,9	0,0001	2,2364	1,6200	lam.	0,0141
0,0140	-0,0167	1,1151	0,000090	0,000040	0,000065	28,2	0,0253	2,2354	1,6201	lam.	0,0009
0,0283	-0,0200	1,1625	0,000107	0,000048	0,000077	53,1	0,0134	2,2434	1,6189	lam.	0,0012
0,0475	-0,0204	1,1062	0,000207	0,000084	0,000133	97,4	0,0053	2,4768	1,5864	lam.	0,0019
0,0713	-0,0185	1,0373	0,000412	0,000137	0,000210	151,0	0,0016	3,0153	1,5383	lam.	0,0036
0,0996	-0,0150	0,9770	0,000375	0,000207	0,000333	214,4	0,0028	1,8106	1,6067	turb.	0,0027
0,1323	-0,0106	0,9338	0,000480	0,000313	0,000528	306,3	0,0041	1,5318	1,6855	turb.	0,0022
0,1690	-0,0060	0,9083	0,000652	0,000442	0,000754	412,8	0,0042	1,4743	1,7064	turb.	0,0022
0,2094	-0,0014	0,8900	0,000819	0,000569	0,000978	516,6	0,0042	1,4406	1,7197	turb.	0,0022
0,2529	0,0031	0,8757	0,000995	0,000701	0,001211	623,4	0,0042	1,4205	1,7279	turb.	0,0022
0,2992	0,0073	0,8643	0,001174	0,000834	0,001446	730,5	0,0041	1,4074	1,7335	turb.	0,0022
0,3476	0,0111	0,8549	0,001354	0,000969	0,001683	837,2	0,0041	1,3975	1,7377	turb.	0,0022
0,3977	0,0143	0,8472	0,001536	0,001106	0,001925	945,2	0,0040	1,3894	1,7413	turb.	0,0022
0,4490	0,0168	0,8409	0,001720	0,001244	0,002170	1053,7	0,0040	1,3824	1,7444	turb.	0,0022
0,5008	0,0186	0,8355	0,001896	0,001377	0,002406	1158,1	0,0039	1,3764	1,7471	turb.	0,0023
0,5527	0,0197	0,8304	0,002073	0,001512	0,002645	1263,1	0,0039	1,3712	1,7494	turb.	0,0023
0,6039	0,0200	0,8206	0,002249	0,001645	0,002880	1365,8	0,0039	1,3674	1,7512	turb.	0,0023
0,6535	0,0191	0,8159	0,002483	0,001810	0,003165	1485,0	0,0038	1,3719	1,7491	turb.	0,0023
0,7014	0,0167	0,8217	0,002654	0,001940	0,003396	1582,7	0,0037	1,3680	1,7509	turb.	0,0023
0,7472	0,0131	0,8346	0,002679	0,001984	0,003489	1629,9	0,0038	1,3508	1,7590	turb.	0,0023
0,7903	0,0085	0,8579	0,002618	0,001970	0,003486	1644,6	0,0040	1,3291	1,7694	turb.	0,0022
0,8302	0,0033	0,9009	0,002457	0,001885	0,003359	1616,8	0,0042	1,3036	1,7822	turb.	0,0022
0,8668	-0,0013	0,9439	0,002139	0,001684	0,003032	1518,4	0,0046	1,2702	1,8001	turb.	0,0021
0,8997	-0,0042	0,9685	0,001913	0,001527	0,002764	1442,5	0,0048	1,2528	1,8097	turb.	0,0020
0,9287	-0,0054	0,9654	0,001859	0,001481	0,002679	1434,8	0,0048	1,2549	1,8084	turb.	0,0020
0,9534	-0,0050	0,9309	0,001997	0,001566	0,002815	1512,1	0,0045	1,2748	1,7973	turb.	0,0021
0,9733	-0,0035	0,8631	0,002392	0,001816	0,003223	1690,4	0,0040	1,3171	1,7750	turb.	0,0022
0,9880	-0,0018	0,7539	0,003378	0,002384	0,004120	2057,2	0,0032	1,4173	1,7285	turb.	0,0025
0,9970	-0,0005	0,5332	0,015221	0,002100	0,007974	1119,5	0,0000	7,2488	3,7976	turb.	0,0000
1,0000	0,0000	0,3465	0,015221	0,002100	0,007974	727,6	0,0000	7,2488	3,7976	abgel.	0,0000

α	Ca	Cw	Cm 0.25		T.U.	T.L.	S.U.	S.L.	GZ	N.P.	D.P.	
[°]	[-]	[-]	[-]	[-]	[-]	[-]	[-]	[-]	[-]	[-]		
-19,0	-0,548	0,14278		-0,091	0,921	0,007	0,991	0,055	-3,837	-0,218	0,085	
-18,0	-0,553	0,12725		-0,093	0,920	0,008	0,991	0,059	-4,343	-1,190	0,082	
-17,0	-0,551	0,11461		-0,095	0,919	0,008	0,991	0,063	-4,806	0,557	0,078	
-16,0	-0,541	0,10332		-0,096	0,918	0,009	0,991	0,066	-5,237	0,381	0,072	
-15,0	-0,523	0,09272		-0,099	0,917	0,009	0,991	0,070	-5,635	0,375	0,061	
-14,0	-0,495	0,08131		-0,102	0,916	0,011	0,991	0,081	-6,085	0,362	0,043	
-13,0	-0,456	0,07103		-0,106	0,915	0,012	0,991	0,092	-6,427	0,358	0,018	
-12,0	-0,408	0,06034		-0,112	0,914	0,015	0,991	0,114	-6,766	0,341	-0,023	
-11,0	-0,349	0,05199		-0,116	0,912	0,015	0,990	0,132	-6,707	0,349	-0,082	
-10,0	-0,281	0,04205		-0,124	0,912	0,016	0,990	0,180	-6,681	0,499	-0,192	
-9,0	-0,213	0,02023		-0,149	0,910	0,017	0,989	0,438	-10,537	0,616	-0,451	
-8,0	-0,135	0,00283		-0,177	0,909	0,017	0,989	0,990	-47,831	0,406	-1,059	
-7,0	-0,025	0,00260		-0,179	0,906	0,019	0,989	0,991	-9,688	0,263	-6,839	
-6,0	0,089	0,00242		-0,180	0,902	0,020	0,989	0,992	36,680	0,262	2,282	
-5,0	0,205	0,00227		-0,182	0,899	0,022	0,988	0,992	90,382	0,262	1,135	
-4,0	0,323	0,00213		-0,183	0,896	0,026	0,988	0,992	151,981		0,261	0,816
-3,0	0,442	0,00198		-0,184	0,893	0,031	0,988	0,993	223,456		0,261	0,666
-2,0	0,562	0,00186		-0,185	0,891	0,036	0,987	0,992	302,432		0,261	0,580
-1,0	0,680	0,00356		-0,187	0,082	0,044	0,986	0,992	191,148		0,261	0,524
0,0	0,795	0,00363		-0,188	0,054	0,057	0,986	0,992	219,362		0,261	0,486
1,0	0,909	0,00372		-0,189	0,037	0,071	0,986	0,993	244,054		0,261	0,458
2,0	1,019	0,00381		-0,190	0,030	0,098	0,985	0,992	267,028		0,261	0,437
3,0	1,124	0,00369		-0,192	0,024	0,437	0,985	0,992	304,707		0,261	0,420
4,0	1,223	0,00955		-0,193	0,019	0,564	0,984	0,992	128,127		0,262	0,407
5,0	1,316	0,01017		-0,194	0,015	0,593	0,984	0,992	129,419		0,262	0,397
6,0	1,399	0,01050		-0,195	0,014	0,945	0,984	0,991	133,251		0,263	0,389
7,0	1,472	0,01130		-0,196	0,012	0,945	0,983	0,991	130,271		0,265	0,383
8,0	1,534	0,01213		-0,197	0,011	0,946	0,982	0,991	126,488		0,268	0,378
9,0	1,581	0,01309		-0,198	0,010	0,947	0,982	0,992	120,761		0,279	0,375
10,0	1,598	0,01396		-0,199	0,010	0,948	0,981	0,992	114,473		0,363	0,374
11,0	1,596	0,01511		-0,200	0,009	0,949	0,979	0,992	105,650		0,175	0,375
12,0	1,576	0,01630		-0,200	0,009	0,950	0,977	0,992	96,702	0,226	0,377	
13,0	1,539	0,01777		-0,201	0,009	0,952	0,972	0,992	86,623	0,245	0,381	
14,0	1,484	0,02114		-0,201	0,007	0,953	0,949	0,992	70,188	0,440	0,385	
15,0	1,187	0,09154		-0,134	0,005	0,954	0,123	0,992	12,968	0,450	0,363	
16,0	1,125	0,10628		-0,129	0,005	0,955	0,100	0,992	10,587	0,318	0,365	
17,0	1,062	0,12072		-0,125	0,004	0,955	0,086	0,992	8,800	0,297	0,368	
18,0	0,999	0,13597		-0,123	0,004	0,956	0,077	0,993	7,348	0,286	0,373	
19,0	0,936	0,15066		-0,121	0,003	0,957	0,069	0,993	6,214	0,282	0,379	
20,0	0,875	0,16714		-0,119	0,003	0,957	0,063	0,993	5,235	0,281	0,386	

Platte (ohne Wölbung) P 06 00 30 Re: 10E6, Wasser

1,00000000	0,00000000
0,99726095	0,00121577
0,98907380	0,00465307
0,97552826	0,00971979
0,95677273	0,01555083
0,93301270	0,02117508
0,90450850	0,02571958
0,87157241	0,02862511
0,83456530	0,02984514
0,79389263	0,03000000
0,75000000	0,03000000
0,70336832	0,03000000
0,65450850	0,03000000
0,60395585	0,03000000
0,55226423	0,03000000
0,50000000	0,03000000
0,44773577	0,03000000
0,39604415	0,03000000
0,34549150	0,03000000
0,29663168	0,03000000
0,25000000	0,03000000
0,20610737	0,03000000
0,16543470	0,03000000
0,12842759	0,03000000
0,09549150	0,02995105
0,06698730	0,02939423
0,04322727	0,02769915
0,02447174	0,02430700
0,01092620	0,01875962
0,00273905	0,01072216
0,00000000	0,00000000
0,00273905	-0,01072216
0,01092620	-0,01875962
0,02447174	-0,02430700
0,04322727	-0,02769915
0,06698730	-0,02939423
0,09549150	-0,02995105
0,12842759	-0,03000000
0,16543470	-0,03000000
0,20610737	-0,03000000
0,25000000	-0,03000000
0,29663168	-0,03000000
0,34549150	-0,03000000

0,39604415	-0,03000000
0,44773577	-0,03000000
0,50000000	-0,03000000
0,55226423	-0,03000000
0,60395585	-0,03000000
0,65450850	-0,03000000
0,70336832	-0,03000000
0,75000000	-0,03000000
0,79389263	-0,03000000
0,83456530	-0,02984514
0,87157241	-0,02862511
0,90450850	-0,02571958
0,93301270	-0,02117508
0,95677273	-0,01555083
0,97552826	-0,00971979
0,98907380	-0,00465307
0,99726095	-0,00121577
1,00000000	0,00000000

α	Ca	Cw	Cm 0.25		Cp*	M krit.
[°]	[-]	[-]	[-]	[-]	[-]	
-20,0	-0,718	0,19404		0,009	-24,832	0,162
-18,0	-0,789	0,15653		0,008	-20,883	0,176
-16,0	-0,847	0,12672		0,007	-17,213	0,193
-14,0	-0,876	0,10126		0,007	-13,840	0,214
-12,0	-0,867	0,07905		0,006	-10,779	0,240
-10,0	-0,811	0,06036		0,005	-8,047	0,275
-8,0	-0,708	0,04315		0,005	-5,853	0,317
-6,0	-0,669	0,00508		0,005	-4,216	0,364
-4,0	-0,459	0,00462		0,004	-2,792	0,430
-2,0	-0,233	0,00434		0,002	-1,586	0,527
-0,0	0,000	0,00449		-0,000	-0,720	0,660
2,0	0,233	0,00434		-0,002	-1,586	0,527
4,0	0,459	0,00462		-0,004	-2,792	0,430
6,0	0,669	0,00508		-0,005	-4,216	0,364
8,0	0,708	0,04315		-0,005	-5,853	0,317
10,0	0,811	0,06036		-0,005	-7,693	0,280
12,0	0,867	0,07905		-0,006	-9,729	0,252
14,0	0,876	0,10126		-0,007	-11,950	0,230
16,0	0,847	0,12672		-0,007	-14,345	0,210
18,0	0,789	0,15653		-0,008	-16,903	0,194
20,0	0,718	0,19404		-0,009	-19,611	0,182

α	Ca	Cw	Cm 0.25	T.U.	T.L.	S.U.	S.L.	GZ	N.P.	D.P.
[°]	[-]	[-]	[-]	[-]	[-]	[-]	[-]	[-]	[-]	[-]
-19,0	-0,759	0,14652	0,009	0,940	0,006	0,992	0,061	-5,182	0,241	0,262
-18,0	-0,795	0,13222	0,009	0,938	0,006	0,991	0,065	-6,011	0,240	0,261
-17,0	-0,827	0,11994	0,009	0,938	0,006	0,992	0,067	-6,891	0,239	0,260
-16,0	-0,854	0,10627	0,008	0,937	0,007	0,992	0,075	-8,041	0,241	0,260
-15,0	-0,877	0,09234	0,008	0,937	0,008	0,991	0,090	-9,496	0,240	0,259
-14,0	-0,892	0,07968	0,008	0,936	0,009	0,991	0,110	-11,191	0,245	0,259
-13,0	-0,903	0,06415	0,008	0,935	0,011	0,991	0,161	-14,080	0,259	0,259
-12,0	-0,910	0,04865	0,008	0,935	0,011	0,991	0,247	-18,704	0,264	0,259
-11,0	-1,037	0,00988	0,010	0,934	0,012	0,991	0,977	-105,02	0,261	0,260
-10,0	-0,994	0,00378	0,009	0,934	0,013	0,991	0,984	-263,16	0,267	0,259
-9,0	-0,934	0,00355	0,008	0,932	0,014	0,990	0,987	-263,55	0,263	0,259
-8,0	-0,856	0,00327	0,007	0,931	0,014	0,990	0,989	-261,92	0,261	0,259
-7,0	-0,767	0,00414	0,006	0,929	0,015	0,990	0,989	-185,01	0,260	0,258
-6,0	-0,670	0,00387	0,006	0,928	0,017	0,990	0,990	-173,36	0,259	0,258
-5,0	-0,567	0,00354	0,005	0,926	0,019	0,990	0,990	-160,23	0,259	0,258
-4,0	-0,459	0,00332	0,004	0,926	0,023	0,990	0,990	-138,46	0,258	0,258
-3,0	-0,348	0,00308	0,003	0,925	0,028	0,990	0,991	-112,73	0,258	0,258
-2,0	-0,233	0,00433	0,002	0,128	0,033	0,990	0,991	-53,913	0,258	0,258
-1,0	-0,117	0,00433	0,001	0,074	0,040	0,991	0,991	-27,067	0,258	0,258
0,0	0,000	0,00426	-0,000	0,055	0,055	0,990	0,990	0,000	0,258	0,250
1,0	0,117	0,00433	-0,001	0,040	0,074	0,991	0,991	27,067	0,258	0,258
2,0	0,233	0,00433	-0,002	0,033	0,128	0,991	0,990	53,913	0,258	0,258
3,0	0,348	0,00308	-0,003	0,028	0,925	0,991	0,990	112,730	0,258	0,258
4,0	0,459	0,00332	-0,004	0,023	0,926	0,990	0,990	138,460	0,258	0,258
5,0	0,567	0,00354	-0,005	0,019	0,926	0,990	0,990	160,239	0,259	0,258
6,0	0,670	0,00387	-0,006	0,017	0,928	0,990	0,990	173,362	0,259	0,258
7,0	0,767	0,00414	-0,006	0,015	0,929	0,989	0,990	185,019	0,260	0,258
8,0	0,856	0,00327	-0,007	0,014	0,931	0,989	0,990	261,927	0,261	0,259
9,0	0,934	0,00355	-0,008	0,014	0,932	0,987	0,990	263,515	0,263	0,259
10,0	0,994	0,00378	-0,009	0,013	0,934	0,984	0,991	263,162	0,267	0,259
11,0	1,037	0,00988	-0,010	0,012	0,934	0,977	0,991	105,029	0,261	0,260
12,0	0,910	0,04865	-0,008	0,011	0,935	0,247	0,991	18,704	0,264	0,259
13,0	0,903	0,06415	-0,008	0,011	0,935	0,161	0,991	14,080	0,259	0,259
14,0	0,892	0,07968	-0,008	0,009	0,936	0,110	0,991	11,191	0,245	0,259
15,0	0,877	0,09234	-0,008	0,008	0,937	0,090	0,991	9,496	0,240	0,259
16,0	0,854	0,10627	-0,008	0,007	0,937	0,075	0,992	8,041	0,241	0,260
17,0	0,827	0,11994	-0,009	0,006	0,938	0,067	0,992	6,891	0,239	0,260
18,0	0,795	0,13222	-0,009	0,006	0,938	0,065	0,991	6,011	0,240	0,261
19,0	0,759	0,14652	-0,009	0,006	0,940	0,061	0,992	5,182	0,241	0,262
20,0	0,722	0,16077	-0,010	0,006	0,941	0,058	0,992	4,490	0,242	0,263

Platte P06 03 30 Re: 10E6, Wasser

1,00000000	0,00000000
0,99736437	0,00144568
0,98946502	0,00556582
0,97632952	0,01174762
0,95801932	0,01909158
0,93464911	0,02657879
0,90640710	0,03327611
0,87357095	0,03855352
0,83651470	0,04228589
0,79570362	0,04501080
0,75165056	0,04755660
0,70484828	0,05000188
0,65580955	0,05227731
0,60507165	0,05432276
0,55319047	0,05608954
0,50073447	0,05754203
0,44827838	0,05865882
0,39639695	0,05943316
0,34565861	0,05987283
0,29656431	0,05999614
0,24900056	0,05915001
0,20423319	0,05700279
0,16275416	0,05384406
0,12501837	0,04999329
0,09144544	0,04573526
0,06247526	0,04094756
0,03855366	0,03532461
0,02008037	0,02860176
0,00737624	0,02056612
0,00065473	0,01106293
0,00000000	0,00000000
0,00482337	-0,00997231
0,01447616	-0,01627522
0,02886312	-0,01921230
0,04790088	-0,01927943
0,07149933	-0,01714417
0,09953757	-0,01361774
0,13183681	-0,00961802
0,16811524	-0,00591595
0,20798156	-0,00288001
0,25099944	-0,00081668
0,29669904	-0,00000371
0,34532439	-0,00012624
0,39569136	-0,00056269
0,44719315	-0,00133137

0,49926553	-0,00243999
0,55133799	-0,00388186
0,60284005	-0,00563572
0,65320745	-0,00766624
0,70188836	-0,00992507
0,74834944	-0,01235252
0,79208164	-0,01487977
0,83261590	-0,01727692
0,86957387	-0,01855699
0,90260989	-0,01802271
0,93137629	-0,01564472
0,95552614	-0,01191000
0,97472700	-0,00762580
0,98868258	-0,00370737
0,99715752	-0,00097705
1,00000000	0,00000000

x/l	y/l	v/V	δ_1	δ_2	δ_3	Reδ_2	C_f	H_12	H_32	Zust.	y1
[-]	[-]	[-]	[-]	[-]	[-]	[-]	[-]	[-]	[-]	[-]	[%]
1,0000	0,0000	0,3550	0,002557	0,001943	0,001344	689,7	0,0000	1,3165	0,6916	abgel.	0,0000
0,9974	0,0014	0,5554	0,002557	0,001943	0,001344	1078,8	0,0000	1,3165	0,6916	abgel.	0,0000
0,9895	0,0056	0,8128	0,002557	0,001943	0,001344	1578,8	0,0000	1,3165	0,6916	abgel.	0,0000
0,9763	0,0117	0,9649	0,002557	0,001943	0,001344	1874,3	0,0000	1,3165	0,6916	turb.	0,0000
0,9580	0,0191	1,0775	0,001348	0,000632	0,000974	729,5	0,0013	2,1329	1,5417	turb.	0,0039
0,9346	0,0266	1,1547	0,001204	0,000534	0,000863	637,7	0,0011	2,2554	1,6168	lam.	0,0043
0,9064	0,0333	1,1943	0,001069	0,000507	0,000834	607,6	0,0014	2,1071	1,6428	lam.	0,0038
0,8736	0,0386	1,1974	0,001142	0,000527	0,000859	617,9	0,0013	2,1686	1,6315	lam.	0,0040
0,8365	0,0423	1,1727	0,001369	0,000567	0,000904	647,6	0,0009	2,4131	1,5945	lam.	0,0048
0,7957	0,0450	1,1418	0,001470	0,000575	0,000907	650,2	0,0007	2,5550	1,5768	lam.	0,0053
0,7517	0,0476	1,1304	0,001495	0,000568	0,000891	639,8	0,0007	2,6318	1,5686	lam.	0,0055
0,7048	0,0500	1,1266	0,001486	0,000554	0,000866	623,7	0,0006	2,6829	1,5637	lam.	0,0057
0,6558	0,0523	1,1259	0,001458	0,000535	0,000835	603,5	0,0006	2,7221	1,5602	lam.	0,0057
0,6051	0,0543	1,1270	0,001420	0,000515	0,000801	581,3	0,0006	2,7597	1,5569	lam.	0,0058
0,5532	0,0561	1,1294	0,001381	0,000492	0,000764	557,0	0,0006	2,8078	1,5529	lam.	0,0058
0,5007	0,0575	1,1329	0,001346	0,000467	0,000722	530,9	0,0005	2,8830	1,5472	lam.	0,0060
0,4483	0,0587	1,1376	0,001327	0,000441	0,000678	504,0	0,0005	3,0114	1,5390	lam.	0,0065
0,3964	0,0594	1,1442	0,001353	0,000412	0,000628	474,9	0,0003	3,2872	1,5264	lam.	0,0080
0,3457	0,0599	1,1538	0,001035	0,000360	0,000557	423,7	0,0007	2,8757	1,5476	lam.	0,0054
0,2966	0,0600	1,1770	0,000827	0,000314	0,000493	375,8	0,0011	2,6321	1,5686	lam.	0,0042
0,2490	0,0592	1,1953	0,000734	0,000283	0,000446	339,7	0,0013	2,5919	1,5725	lam.	0,0039
0,2042	0,0570	1,1991	0,000669	0,000256	0,000401	306,4	0,0014	2,6161	1,5701	lam.	0,0038
0,1628	0,0538	1,1988	0,000627	0,000228	0,000356	274,1	0,0013	2,7459	1,5580	lam.	0,0039
0,1250	0,0500	1,1995	0,000544	0,000194	0,000301	235,1	0,0014	2,8094	1,5527	lam.	0,0038
0,0914	0,0457	1,2140	0,000415	0,000152	0,000237	188,1	0,0019	2,7321	1,5592	lam.	0,0032
0,0625	0,0409	1,2393	0,000287	0,000112	0,000176	140,9	0,0032	2,5781	1,5741	lam.	0,0025
0,0386	0,0353	1,2633	0,000172	0,000072	0,000116	91,2	0,0065	2,3805	1,5990	lam.	0,0018
0,0201	0,0286	1,2601	0,000098	0,000044	0,000071	51,0	0,0142	2,2314	1,6207	lam.	0,0012
0,0074	0,0206	1,1318	0,000112	0,000050	0,000081	30,9	0,0229	2,2394	1,6195	lam.	0,0009
0,0007	0,0111	0,6201	0,000031	0,000014	0,000022	3,7	0,0001	2,2364	1,6200	lam.	0,0141
0,0000	0,0000	0,2506	0,000001	0,000000	0,000001	0,0	0,0000	2,2364	1,6200	lam.	0,0000
0,0048	-0,0100	1,0514	0,000030	0,000013	0,000021	3,9	0,0001	2,2364	1,6200	lam.	0,0141
0,0145	-0,0163	1,3696	0,000076	0,000034	0,000055	35,8	0,0199	2,2357	1,6201	lam.	0,0010
0,0289	-0,0192	1,3270	0,000115	0,000051	0,000082	69,3	0,0097	2,2816	1,6131	lam.	0,0014
0,0479	-0,0193	1,2131	0,000260	0,000094	0,000147	125,0	0,0028	2,7556	1,5570	lam.	0,0027
0,0715	-0,0171	1,1082	0,000295	0,000163	0,000263	197,6	0,0029	1,8041	1,6082	turb.	0,0026
0,0995	-0,0136	1,0253	0,000434	0,000274	0,000456	303,4	0,0037	1,5861	1,6671	turb.	0,0023
0,1318	-0,0096	0,9686	0,000662	0,000426	0,000714	435,7	0,0036	1,5554	1,6771	turb.	0,0024
0,1681	-0,0059	0,9364	0,000897	0,000586	0,000987	566,6	0,0035	1,5324	1,6851	turb.	0,0024
0,2080	-0,0029	0,9171	0,001084	0,000726	0,001235	680,3	0,0036	1,4919	1,6998	turb.	0,0023
0,2510	-0,0008	0,9077	0,001250	0,000860	0,001474	788,4	0,0037	1,4537	1,7145	turb.	0,0023
0,2967	-0,0000	0,9142	0,001382	0,000973	0,001681	883,1	0,0039	1,4202	1,7281	turb.	0,0023
0,3453	-0,0001	0,9278	0,001436	0,001040	0,001815	950,8	0,0041	1,3808	1,7452	turb.	0,0022
0,3957	-0,0006	0,9327	0,001472	0,001089	0,001915	1010,3	0,0043	1,3518	1,7585	turb.	0,0022
0,4472	-0,0013	0,9368	0,001583	0,001177	0,002074	1097,9	0,0042	1,3451	1,7616	turb.	0,0022
0,4993	-0,0024	0,9411	0,001698	0,001266	0,002233	1186,4	0,0042	1,3410	1,7636	turb.	0,0022
0,5513	-0,0039	0,9460	0,001814	0,001356	0,002394	1276,4	0,0042	1,3372	1,7654	turb.	0,0022
0,6028	-0,0056	0,9521	0,001918	0,001439	0,002542	1360,9	0,0041	1,3333	1,7673	turb.	0,0022

0,6532	-0,0077	0,9597	0,002012	0,001514	0,002679	1441,6	0,0041	1,3287	1,7696	turb.	0,0022
0,7019	-0,0099	0,9697	0,002086	0,001576	0,002794	1513,1	0,0041	1,3234	1,7722	turb.	0,0022
0,7483	-0,0124	0,9832	0,002136	0,001621	0,002878	1572,2	0,0041	1,3172	1,7753	turb.	0,0022
0,7921	-0,0149	1,0046	0,002151	0,001643	0,002924	1615,8	0,0042	1,3090	1,7794	turb.	0,0022
0,8326	-0,0173	1,0449	0,002100	0,001620	0,002892	1627,1	0,0043	1,2967	1,7858	turb.	0,0022
0,8696	-0,0186	1,0816	0,001921	0,001507	0,002708	1574,4	0,0045	1,2748	1,7975	turb.	0,0021
0,9026	-0,0180	1,0942	0,001801	0,001424	0,002568	1541,6	0,0046	1,2646	1,8031	turb.	0,0021
0,9314	-0,0156	1,0735	0,001840	0,001445	0,002599	1581,8	0,0045	1,2728	1,7985	turb.	0,0021
0,9555	-0,0119	1,0166	0,002087	0,001604	0,002859	1720,8	0,0042	1,3016	1,7831	turb.	0,0022
0,9747	-0,0076	0,9239	0,002699	0,001975	0,003459	2005,0	0,0035	1,3663	1,7513	turb.	0,0024
0,9887	-0,0037	0,7896	0,004274	0,002784	0,004685	2563,9	0,0025	1,5352	1,6828	turb.	0,0028
0,9972	-0,0010	0,5457	0,015148	0,002380	0,007666	1298,4	0,0000	6,3658	3,2215	turb.	0,0000
1,0000	0,0000	0,3550	0,015148	0,002380	0,007666	844,8	0,0000	6,3658	3,2215	abgel.	0,0000

α	Ca	Cw	Cm 0.25		T.U.	T.L.	S.U.	S.L.	GZ	N.P.	D.P.	
[°]	[-]	[-]	[-]	[-]	[-]	[-]	[-]	[-]	[-]	[-]		
-19,0	-0,612	0,14708		-0,029	0,936	0,008	0,991	0,049	-4,160	0,220	0,202	
-18,0	-0,633	0,13456		-0,030	0,936	0,008	0,991	0,052	-4,701	0,222	0,203	
-17,0	-0,649	0,12170		-0,030	0,936	0,008	0,991	0,054	-5,334	0,209	0,203	
-16,0	-0,661	0,10832		-0,031	0,934	0,008	0,991	0,059	-6,104	0,181	0,203	
-15,0	-0,666	0,09825		-0,031	0,932	0,009	0,991	0,060	-6,779	-0,234	0,203	
-14,0	-0,663	0,08692		-0,032	0,930	0,009	0,991	0,064	-7,633	0,356	0,202	
-13,0	-0,652	0,07737		-0,033	0,928	0,010	0,991	0,069	-8,423	0,292	0,200	
-12,0	-0,629	0,06882		-0,034	0,927	0,010	0,991	0,072	-9,146	0,291	0,197	
-11,0	-0,598	0,05924		-0,035	0,925	0,012	0,991	0,086	-10,090	0,298	0,191	
-10,0	-0,555	0,05011		-0,037	0,924	0,015	0,990	0,107	-11,084	0,288	0,183	
-9,0	-0,502	0,04300		-0,039	0,923	0,016	0,990	0,126	-11,664	0,286	0,173	
-8,0	-0,439	0,03571		-0,041	0,922	0,016	0,990	0,161	-12,285	0,569	0,156	
-7,0	-0,435	0,00331		-0,060	0,921	0,017	0,990	0,989	-131,188		0,438	0,112
-6,0	-0,334	0,00315		-0,061	0,920	0,017	0,990	0,990	-106,232		0,258	0,068
-5,0	-0,227	0,00296		-0,062	0,919	0,019	0,990	0,990	-76,432	0,258	-0,022	
-4,0	-0,115	0,00358		-0,063	0,332	0,020	0,990	0,991	-32,130	0,258	-0,294	
-3,0	-0,000	0,00350		-0,063	0,308	0,023	0,990	0,991	-0,093	0,258	0,250	
-2,0	0,116	0,00341		-0,064	0,287	0,027	0,990	0,991	34,124	0,258	0,804	
-1,0	0,234	0,00335		-0,065	0,266	0,033	0,990	0,991	69,762	0,258	0,529	
0,0	0,352	0,00332		-0,066	0,252	0,038	0,989	0,991	106,153		0,258	0,438
1,0	0,469	0,00362		-0,067	0,081	0,045	0,990	0,991	129,723		0,259	0,393
2,0	0,585	0,00368		-0,068	0,052	0,059	0,990	0,991	159,126		0,259	0,367
3,0	0,699	0,00382		-0,069	0,036	0,077	0,989	0,991	182,732		0,259	0,349
4,0	0,809	0,00388		-0,070	0,029	0,120	0,989	0,992	208,642		0,260	0,337
5,0	0,915	0,00314		-0,071	0,023	0,934	0,988	0,991	290,957		0,261	0,328
6,0	1,015	0,00337		-0,073	0,018	0,934	0,988	0,991	301,056		0,261	0,321
7,0	1,108	0,00365		-0,074	0,014	0,935	0,987	0,991	303,885		0,263	0,316
8,0	1,192	0,00390		-0,075	0,013	0,936	0,986	0,991	305,927		0,264	0,313
9,0	1,267	0,00417		-0,076	0,012	0,936	0,985	0,992	304,002		0,267	0,310
10,0	1,330	0,00454		-0,077	0,011	0,937	0,983	0,992	292,841		0,271	0,308
11,0	1,376	0,01188		-0,078	0,010	0,937	0,981	0,992	115,823		0,285	0,307
12,0	1,396	0,01315		-0,079	0,009	0,938	0,978	0,992	106,119		0,355	0,307
13,0	1,397	0,01458		-0,080	0,009	0,939	0,972	0,992	95,782	0,113	0,308	
14,0	1,380	0,01657		-0,081	0,008	0,939	0,961	0,992	83,306	0,277	0,309	
15,0	1,276	0,02796		-0,077	0,007	0,940	0,682	0,992	45,625	0,312	0,311	
16,0	1,135	0,07125		-0,066	0,006	0,941	0,294	0,993	15,926	0,331	0,308	
17,0	1,057	0,10167		-0,059	0,005	0,942	0,159	0,993	10,395	0,322	0,306	
18,0	0,998	0,12149		-0,056	0,004	0,943	0,114	0,994	8,215	0,280	0,307	
19,0	0,944	0,13572		-0,056	0,004	0,945	0,103	0,994	6,958	0,267	0,309	
20,0	0,887	0,15483		-0,054	0,003	0,945	0,084	0,994	5,731	0,277	0,311	

Platte P06 04 30 Re: 10E6, Wasser

1,00000000	0,00000000
0,99739846	0,00152039
0,98959400	0,00586287
0,97659380	0,01240909
0,95843071	0,02024992
0,93518953	0,02835228
0,90703462	0,03576416
0,87423209	0,04183230
0,83716020	0,04640476
0,79630387	0,04999029
0,75219816	0,05338875
0,70533973	0,05665303
0,65624196	0,05969059
0,60544278	0,06242116
0,55349876	0,06477971
0,50097907	0,06671871
0,44845916	0,06820957
0,39651452	0,06924329
0,34571431	0,06983024
0,29654186	0,06999482
0,24866798	0,06885930
0,20361225	0,06597791
0,16187169	0,06173974
0,12390462	0,05657393
0,09013463	0,05087978
0,06102563	0,04465224
0,03706366	0,03770146
0,01868951	0,02986887
0,00625749	0,02102998
-0,00000008	0,01109346
0,00000000	0,00000000
0,00547818	-0,00963930
0,01559490	-0,01530879
0,03025397	-0,01734960
0,04939088	-0,01630790
0,07294897	-0,01291439
0,10084837	-0,00805643
0,13295055	-0,00274024
0,16899771	0,00216442
0,20860250	0,00618580
0,25133202	0,00891847
0,29672150	0,00999509
0,34526869	0,00983189
0,39557379	0,00925067
0,44701238	0,00822702
0,49902093	0,00675067

0,55102970 0,00483054
0,60246891 0,00249490
0,65277503 -0,00020916
0,70139691 -0,00321728
0,74780184 -0,00644997
0,79148139 -0,00981559
0,83197040 -0,01305947
0,86891273 -0,01517026
0,90198237 -0,01542629
0,93083587 -0,01377351
0,95511475 -0,01067447
0,97446272 -0,00691333
0,98855360 -0,00338494
0,99712343 -0,00089555
1,00000000 0,00000000

x/l	y/l	v/V	δ_1	δ_2	δ_3	Reδ_2	C_f	H_12	H_32	Zust.	y1
[-]	[-]	[-]	[-]	[-]	[-]	[-]	[-]	[-]	[-]	[-]	[%]
1,0000	0,0000	0,3542	0,012506	0,004684	0,006715	1659,2	0,0000	2,6697	1,4335	abgel.	0,0000
0,9974	0,0015	0,5561	0,012506	0,004684	0,006715	2605,1	0,0000	2,6697	1,4335	abgel.	0,0000
0,9896	0,0059	0,8156	0,012506	0,004684	0,006715	3820,7	0,0000	2,6697	1,4335	turb.	0,0000
0,9766	0,0124	0,9702	0,003127	0,002140	0,003662	2320,1	0,0029	1,4610	1,7109	turb.	0,0026
0,9584	0,0202	1,0859	0,002208	0,001630	0,002865	1901,9	0,0037	1,3545	1,7570	turb.	0,0023
0,9352	0,0284	1,1664	0,001835	0,001397	0,002484	1689,7	0,0041	1,3131	1,7773	turb.	0,0022
0,9070	0,0358	1,2092	0,001698	0,001306	0,002329	1587,4	0,0042	1,3003	1,7839	turb.	0,0022
0,8742	0,0418	1,2153	0,001712	0,001307	0,002325	1559,2	0,0042	1,3099	1,7790	turb.	0,0022
0,8372	0,0464	1,1929	0,001772	0,001330	0,002351	1548,3	0,0040	1,3322	1,7679	turb.	0,0022
0,7963	0,0500	1,1640	0,001716	0,001278	0,002252	1475,6	0,0040	1,3431	1,7626	turb.	0,0022
0,7522	0,0534	1,1546	0,001606	0,001190	0,002094	1371,8	0,0040	1,3496	1,7595	turb.	0,0022
0,7053	0,0567	1,1527	0,001475	0,001089	0,001913	1256,5	0,0040	1,3549	1,7570	turb.	0,0022
0,6562	0,0597	1,1538	0,001328	0,000976	0,001712	1129,0	0,0041	1,3605	1,7544	turb.	0,0022
0,6054	0,0624	1,1567	0,001174	0,000858	0,001503	996,3	0,0041	1,3677	1,7511	turb.	0,0022
0,5535	0,0648	1,1606	0,001016	0,000737	0,001286	859,0	0,0042	1,3793	1,7458	turb.	0,0022
0,5010	0,0667	1,1657	0,000863	0,000614	0,001065	719,7	0,0042	1,4054	1,7344	turb.	0,0022
0,4485	0,0682	1,1721	0,000744	0,000497	0,000844	586,8	0,0037	1,4969	1,6983	turb.	0,0023
0,3965	0,0692	1,1806	0,000858	0,000407	0,000631	486,0	0,0015	2,1049	1,5474	turb.	0,0037
0,3457	0,0698	1,1929	0,001012	0,000346	0,000535	423,5	0,0006	2,9224	1,5443	lam.	0,0056
0,2965	0,0700	1,2233	0,000772	0,000297	0,000467	370,5	0,0012	2,5963	1,5720	lam.	0,0041
0,2487	0,0689	1,2463	0,000677	0,000267	0,000421	332,7	0,0014	2,5407	1,5785	lam.	0,0037
0,2036	0,0660	1,2481	0,000611	0,000240	0,000379	298,5	0,0016	2,5445	1,5780	lam.	0,0036
0,1619	0,0617	1,2427	0,000566	0,000215	0,000337	265,9	0,0016	2,6328	1,5685	lam.	0,0036
0,1239	0,0566	1,2359	0,000490	0,000183	0,000286	227,1	0,0017	2,6786	1,5641	lam.	0,0034
0,0901	0,0509	1,2406	0,000381	0,000145	0,000228	181,9	0,0023	2,6289	1,5688	lam.	0,0029
0,0610	0,0447	1,2534	0,000270	0,000107	0,000170	135,2	0,0036	2,5177	1,5813	lam.	0,0023
0,0371	0,0377	1,2612	0,000168	0,000072	0,000115	88,5	0,0069	2,3527	1,6029	lam.	0,0017
0,0187	0,0299	1,2370	0,000097	0,000044	0,000071	47,4	0,0153	2,2250	1,6218	lam.	0,0011
0,0063	0,0210	1,0833	0,000141	0,000062	0,000101	34,2	0,0202	2,2608	1,6162	lam.	0,0010
-0,0000	0,0111	0,5483	0,000028	0,000012	0,000020	4,2	0,0001	2,2364	1,6200	lam.	0,0141
0,0000	0,0000	0,3302	0,000001	0,000000	0,000001	0,0	0,0000	2,2364	1,6200	lam.	0,0000
0,0055	-0,0096	1,1147	0,000026	0,000012	0,000019	4,4	0,0001	2,2364	1,6200	lam.	0,0141
0,0156	-0,0153	1,3934	0,000077	0,000034	0,000056	38,4	0,0186	2,2363	1,6200	lam.	0,0010
0,0303	-0,0173	1,3231	0,000121	0,000053	0,000085	73,9	0,0090	2,2950	1,6111	lam.	0,0015
0,0494	-0,0163	1,1940	0,000286	0,000098	0,000151	129,7	0,0021	2,9186	1,5442	lam.	0,0031
0,0729	-0,0129	1,0799	0,000307	0,000177	0,000288	211,4	0,0032	1,7330	1,6252	turb.	0,0025
0,1008	-0,0081	0,9909	0,000500	0,000310	0,000514	333,9	0,0035	1,6130	1,6584	turb.	0,0024
0,1330	-0,0027	0,9299	0,000765	0,000475	0,000789	471,1	0,0032	1,6094	1,6594	turb.	0,0025
0,1690	0,0022	0,8944	0,001048	0,000656	0,001092	610,3	0,0031	1,5961	1,6638	turb.	0,0025
0,2086	0,0062	0,8731	0,001266	0,000816	0,001371	730,2	0,0032	1,5505	1,6789	turb.	0,0025
0,2513	0,0089	0,8635	0,001441	0,000960	0,001629	838,0	0,0034	1,5005	1,6966	turb.	0,0024
0,2967	0,0100	0,8732	0,001559	0,001073	0,001840	926,7	0,0036	1,4525	1,7150	turb.	0,0024
0,3453	0,0098	0,8919	0,001558	0,001118	0,001944	975,9	0,0040	1,3939	1,7394	turb.	0,0022
0,3956	0,0093	0,8989	0,001538	0,001138	0,002001	1015,0	0,0043	1,3518	1,7585	turb.	0,0022
0,4470	0,0082	0,9047	0,001629	0,001213	0,002139	1090,6	0,0043	1,3427	1,7628	turb.	0,0022
0,4990	0,0068	0,9103	0,001733	0,001296	0,002287	1172,2	0,0042	1,3379	1,7651	turb.	0,0022
0,5510	0,0048	0,9165	0,001838	0,001378	0,002434	1254,2	0,0042	1,3341	1,7669	turb.	0,0022
0,6025	0,0025	0,9238	0,001936	0,001455	0,002574	1334,0	0,0042	1,3301	1,7689	turb.	0,0022
0,6528	-0,0002	0,9326	0,002019	0,001523	0,002698	1407,4	0,0042	1,3256	1,7711	turb.	0,0022

0,7014	-0,0032	0,9439	0,002084	0,001579	0,002800	1472,6	0,0042	1,3204	1,7737	turb.	0,0022
0,7478	-0,0064	0,9587	0,002124	0,001617	0,002873	1526,3	0,0042	1,3140	1,7769	turb.	0,0022
0,7915	-0,0098	0,9815	0,002129	0,001630	0,002903	1562,9	0,0042	1,3060	1,7810	turb.	0,0022
0,8320	-0,0131	1,0231	0,002068	0,001599	0,002858	1569,2	0,0043	1,2935	1,7875	turb.	0,0022
0,8689	-0,0152	1,0614	0,001882	0,001480	0,002662	1514,1	0,0046	1,2720	1,7990	turb.	0,0021
0,9020	-0,0154	1,0762	0,001757	0,001392	0,002511	1478,2	0,0047	1,2622	1,8044	turb.	0,0021
0,9308	-0,0138	1,0585	0,001784	0,001404	0,002528	1511,6	0,0046	1,2703	1,7998	turb.	0,0021
0,9551	-0,0107	1,0049	0,002010	0,001549	0,002764	1639,4	0,0042	1,2980	1,7850	turb.	0,0022
0,9745	-0,0069	0,9157	0,002590	0,001903	0,003337	1909,9	0,0036	1,3609	1,7538	turb.	0,0024
0,9886	-0,0034	0,7847	0,004037	0,002658	0,004488	2426,4	0,0026	1,5189	1,6886	turb.	0,0028
0,9971	-0,0009	0,5432	0,013969	0,002280	0,007412	1238,7	0,0000	6,1260	3,2506	turb.	0,0000
1,0000	0,0000	0,3542	0,013969	0,002280	0,007412	807,7	0,0000	6,1260	3,2506	abgel.	0,0000

α	Ca	Cw	Cm 0.25		T.U.	T.L.	S.U.	S.L.	GZ	N.P.	D.P.	
[°]	[-]	[-]	[-]	[-]	[-]	[-]	[-]	[-]	[-]	[-]		
-19,0	-0,569	0,14709		-0,041	0,936	0,008	0,990	0,048	-3,869	0,228	0,177	
-18,0	-0,585	0,13564		-0,042	0,934	0,008	0,991	0,049	-4,312	0,221	0,179	
-17,0	-0,597	0,12160		-0,042	0,932	0,008	0,991	0,051	-4,908	0,189	0,179	
-16,0	-0,604	0,10996		-0,043	0,930	0,009	0,991	0,054	-5,489	0,071	0,179	
-15,0	-0,604	0,09813		-0,043	0,928	0,009	0,991	0,056	-6,154	0,444	0,178	
-14,0	-0,596	0,08749		-0,044	0,928	0,009	0,991	0,060	-6,817	0,321	0,176	
-13,0	-0,580	0,07811		-0,045	0,926	0,010	0,991	0,064	-7,427	0,290	0,172	
-12,0	-0,554	0,06904		-0,046	0,925	0,011	0,991	0,068	-8,019	0,276	0,167	
-11,0	-0,517	0,06109		-0,047	0,923	0,011	0,991	0,071	-8,458	0,279	0,159	
-10,0	-0,470	0,05324		-0,048	0,922	0,013	0,990	0,081	-8,820	0,286	0,147	
-9,0	-0,412	0,04559		-0,051	0,921	0,015	0,990	0,097	-9,048	0,287	0,128	
-8,0	-0,346	0,03890		-0,053	0,920	0,017	0,990	0,117	-8,886	0,287	0,097	
-7,0	-0,270	0,03269		-0,056	0,919	0,018	0,990	0,146	-8,267	0,493	0,044	
-6,0	-0,223	0,00278		-0,083	0,919	0,018	0,990	0,990	-80,229	0,428	-0,120	
-5,0	-0,114	0,00406		-0,084	0,333	0,019	0,990	0,991	-28,164	0,258	-0,480	
-4,0	-0,001	0,00350		-0,084	0,313	0,020	0,990	0,991	-0,357	0,258	-67,350	
-3,0	0,114	0,00396		-0,085	0,300	0,022	0,990	0,991	28,872	0,258	0,995	
-2,0	0,232	0,00335		-0,086	0,280	0,025	0,990	0,991	69,175	0,258	0,622	
-1,0	0,350	0,00331		-0,087	0,266	0,030	0,989	0,991	105,746		0,258	0,499
0,0	0,469	0,00327		-0,088	0,256	0,036	0,989	0,991	143,434		0,259	0,438
1,0	0,587	0,00328		-0,089	0,233	0,042	0,989	0,991	178,658		0,259	0,402
2,0	0,702	0,00371		-0,090	0,074	0,052	0,989	0,991	189,443		0,260	0,379
3,0	0,816	0,00383		-0,091	0,047	0,066	0,989	0,991	213,018		0,260	0,362
4,0	0,926	0,00400		-0,093	0,031	0,088	0,988	0,991	231,748		0,261	0,350
5,0	1,032	0,00328		-0,094	0,025	0,935	0,988	0,991	314,174		0,261	0,341
6,0	1,132	0,00354		-0,095	0,019	0,935	0,987	0,991	319,683		0,263	0,334
7,0	1,224	0,00384		-0,096	0,015	0,935	0,986	0,992	319,013		0,264	0,329
8,0	1,308	0,00415		-0,097	0,012	0,936	0,985	0,992	315,016		0,266	0,324
9,0	1,381	0,00448		-0,099	0,011	0,936	0,984	0,992	308,448		0,269	0,321
10,0	1,443	0,01157		-0,100	0,010	0,937	0,983	0,992	124,688		0,273	0,319
11,0	1,493	0,01270		-0,101	0,009	0,938	0,980	0,992	117,573		0,288	0,318
12,0	1,511	0,01401		-0,102	0,008	0,939	0,978	0,992	107,815		0,399	0,318
13,0	1,510	0,01546		-0,104	0,008	0,940	0,973	0,993	97,651	0,136	0,319	
14,0	1,490	0,01738		-0,105	0,007	0,941	0,964	0,993	85,708	0,211	0,320	
15,0	1,452	0,01973		-0,106	0,007	0,941	0,949	0,994	73,593	0,281	0,323	
16,0	1,324	0,03371		-0,100	0,006	0,942	0,659	0,993	39,269	0,314	0,325	
17,0	1,185	0,07205		-0,089	0,005	0,944	0,345	0,994	16,452	0,325	0,325	
18,0	1,100	0,09920		-0,083	0,004	0,945	0,232	0,994	11,093	0,324	0,325	
19,0	1,021	0,12724		-0,077	0,003	0,947	0,145	0,995	8,022	0,318	0,325	
20,0	0,953	0,14898		-0,073	0,003	0,949	0,108	0,995	6,399	0,301	0,327	

Platte P06 05 30 Re: 10E6, Wasser

1,00000000	0,00000000
0,99743222	0,00159417
0,98972177	0,00615644
0,97685570	0,01306357
0,95883861	0,02139765
0,93572569	0,03011229
0,90765762	0,03823724
0,87488897	0,04509610
0,83780205	0,05050991
0,79690121	0,05495795
0,75274356	0,05921102
0,70582960	0,06329621
0,65667330	0,06709768
0,60581323	0,07051498
0,55380666	0,07346673
0,50122347	0,07589341
0,44863986	0,07775925
0,39663207	0,07905297
0,34577001	0,07978754
0,29651940	0,07999349
0,24833590	0,07856492
0,20299451	0,07494038
0,16099850	0,06961029
0,12280968	0,06311535
0,08885486	0,05597111
0,05961996	0,04829214
0,03562786	0,04000727
0,01735631	0,03106677
0,00518940	0,02143666
-0,00062369	0,01109004
0,00000000	0,00000000
0,00610180	-0,00927234
0,01666300	-0,01428517
0,03158717	-0,01541768
0,05082668	-0,01326531
0,07435464	-0,00861983
0,10212815	-0,00244191
0,13404550	0,00417677
0,16987089	0,01026991
0,20922023	0,01526425
0,25166410	0,01865730
0,29674396	0,01999391
0,34521300	0,01979012
0,39545624	0,01906449
0,44683167	0,01778650

0,49877653	0,01594333
0,55072180	0,01354608
0,60209846	0,01063009
0,65234370	0,00725410
0,70090705	0,00349848
0,74725644	-0,00053755
0,79088404	-0,00473957
0,83132855	-0,00882829
0,86825585	-0,01176856
0,90135937	-0,01281489
0,93029972	-0,01188884
0,95470684	-0,00942835
0,97420081	-0,00619387
0,98842583	-0,00305903
0,99708967	-0,00081312
1,00000000	0,00000000

x/l	y/l	v/V	δ_1	δ_2	δ_3	Reδ_2	C_f	H_12	H_32	Zust.	y1
[-]	[-]	[-]	[-]	[-]	[-]	[-]	[-]	[-]	[-]	[-]	[%]
1,0000	0,0000	0,3531	0,013709	0,005083	0,007055	1795,9	0,0000	2,6971	1,3880	abgel.	0,0000
0,9974	0,0016	0,5566	0,013709	0,005083	0,007055	2831,1	0,0000	2,6971	1,3880	abgel.	0,0000
0,9897	0,0062	0,8180	0,013709	0,005083	0,007055	4160,9	0,0000	2,6971	1,3880	turb.	0,0000
0,9769	0,0131	0,9751	0,003321	0,002261	0,003861	2474,5	0,0028	1,4690	1,7077	turb.	0,0027
0,9588	0,0214	1,0938	0,002361	0,001734	0,003041	2041,6	0,0036	1,3614	1,7538	turb.	0,0024
0,9357	0,0301	1,1775	0,001940	0,001474	0,002616	1804,1	0,0040	1,3168	1,7754	turb.	0,0022
0,9077	0,0382	1,2236	0,001784	0,001369	0,002440	1688,6	0,0042	1,3031	1,7825	turb.	0,0022
0,8749	0,0451	1,2326	0,001791	0,001365	0,002426	1656,9	0,0041	1,3124	1,7778	turb.	0,0022
0,8378	0,0505	1,2127	0,001847	0,001384	0,002445	1642,5	0,0039	1,3345	1,7667	turb.	0,0023
0,7969	0,0550	1,1860	0,001781	0,001324	0,002333	1561,9	0,0039	1,3452	1,7616	turb.	0,0023
0,7527	0,0592	1,1786	0,001664	0,001232	0,002166	1452,7	0,0039	1,3510	1,7588	turb.	0,0023
0,7058	0,0633	1,1787	0,001526	0,001126	0,001977	1331,0	0,0040	1,3557	1,7566	turb.	0,0022
0,6567	0,0671	1,1817	0,001374	0,001010	0,001772	1198,7	0,0040	1,3606	1,7543	turb.	0,0022
0,6058	0,0705	1,1863	0,001213	0,000887	0,001554	1058,4	0,0041	1,3671	1,7514	turb.	0,0022
0,5538	0,0735	1,1920	0,001053	0,000765	0,001336	917,0	0,0042	1,3768	1,7470	turb.	0,0022
0,5012	0,0759	1,1987	0,000892	0,000639	0,001110	771,2	0,0042	1,3967	1,7382	turb.	0,0022
0,4486	0,0778	1,2068	0,000751	0,000515	0,000882	627,3	0,0039	1,4585	1,7127	turb.	0,0023
0,3966	0,0791	1,2173	0,000739	0,000410	0,000659	505,4	0,0023	1,8035	1,6077	turb.	0,0029
0,3458	0,0798	1,2323	0,000992	0,000334	0,000514	424,0	0,0006	2,9727	1,5411	lam.	0,0058
0,2965	0,0800	1,2701	0,000723	0,000281	0,000443	365,5	0,0012	2,5697	1,5750	lam.	0,0040
0,2483	0,0786	1,2978	0,000627	0,000251	0,000397	325,4	0,0015	2,5017	1,5832	lam.	0,0036
0,2030	0,0749	1,2973	0,000563	0,000226	0,000358	290,8	0,0017	2,4926	1,5843	lam.	0,0034
0,1610	0,0696	1,2862	0,000518	0,000203	0,000320	257,8	0,0018	2,5550	1,5768	lam.	0,0033
0,1228	0,0631	1,2711	0,000447	0,000173	0,000272	218,7	0,0020	2,5871	1,5730	lam.	0,0031
0,0889	0,0560	1,2654	0,000356	0,000139	0,000220	176,4	0,0026	2,5543	1,5769	lam.	0,0028
0,0596	0,0483	1,2652	0,000258	0,000104	0,000166	131,3	0,0040	2,4704	1,5872	lam.	0,0022
0,0356	0,0400	1,2567	0,000165	0,000071	0,000114	86,5	0,0073	2,3302	1,6060	lam.	0,0017
0,0174	0,0311	1,2121	0,000097	0,000044	0,000071	45,2	0,0162	2,2188	1,6228	lam.	0,0011
0,0052	0,0214	1,0348	0,000200	0,000084	0,000135	40,4	0,0147	2,3729	1,5999	lam.	0,0012
-0,0006	0,0111	0,4789	0,000025	0,000011	0,000018	4,6	0,0001	2,2364	1,6200	lam.	0,0141
0,0000	0,0000	0,4067	0,000001	0,000000	0,000001	0,0	0,0000	2,2364	1,6200	lam.	0,0000
0,0061	-0,0093	1,1736	0,000024	0,000011	0,000017	4,8	0,0001	2,2364	1,6200	lam.	0,0141
0,0167	-0,0143	1,4117	0,000078	0,000035	0,000056	40,8	0,0174	2,2374	1,6198	lam.	0,0011
0,0316	-0,0154	1,3151	0,000127	0,000055	0,000088	77,4	0,0083	2,3169	1,6080	lam.	0,0015
0,0508	-0,0133	1,1724	0,000358	0,000108	0,000164	141,2	0,0010	3,3242	1,5242	lam.	0,0045
0,0744	-0,0086	1,0504	0,000345	0,000200	0,000325	233,8	0,0032	1,7247	1,6268	turb.	0,0025
0,1021	-0,0024	0,9564	0,000574	0,000344	0,000564	361,3	0,0031	1,6714	1,6408	turb.	0,0025
0,1340	0,0042	0,8916	0,000921	0,000541	0,000883	516,8	0,0027	1,7020	1,6322	turb.	0,0027
0,1699	0,0103	0,8533	0,001289	0,000751	0,001224	669,5	0,0025	1,7156	1,6287	turb.	0,0028
0,2092	0,0153	0,8303	0,001560	0,000934	0,001534	797,3	0,0026	1,6692	1,6418	turb.	0,0028
0,2517	0,0187	0,8204	0,001739	0,001086	0,001806	902,5	0,0028	1,6006	1,6625	turb.	0,0027
0,2967	0,0200	0,8333	0,001825	0,001199	0,002025	984,3	0,0032	1,5225	1,6887	turb.	0,0025
0,3452	0,0198	0,8566	0,001729	0,001212	0,002092	1010,9	0,0037	1,4267	1,7255	turb.	0,0023
0,3955	0,0191	0,8657	0,001628	0,001195	0,002097	1025,1	0,0042	1,3617	1,7539	turb.	0,0022
0,4468	0,0178	0,8730	0,001692	0,001257	0,002214	1089,1	0,0042	1,3455	1,7615	turb.	0,0022
0,4988	0,0159	0,8799	0,001780	0,001331	0,002349	1162,7	0,0042	1,3375	1,7653	turb.	0,0022
0,5507	0,0135	0,8873	0,001871	0,001404	0,002482	1236,3	0,0042	1,3324	1,7678	turb.	0,0022
0,6021	0,0106	0,8957	0,001957	0,001474	0,002608	1308,4	0,0042	1,3279	1,7700	turb.	0,0022

0,6523	0,0073	0,9058	0,002030	0,001534	0,002720	1375,4	0,0042	1,3231	1,7724	turb.	0,0022
0,7009	0,0035	0,9182	0,002085	0,001582	0,002809	1434,3	0,0042	1,3176	1,7751	turb.	0,0022
0,7473	-0,0005	0,9344	0,002115	0,001613	0,002869	1482,5	0,0042	1,3110	1,7784	turb.	0,0022
0,7909	-0,0047	0,9585	0,002109	0,001619	0,002886	1514,0	0,0043	1,3028	1,7826	turb.	0,0022
0,8313	-0,0088	1,0011	0,002039	0,001580	0,002826	1515,8	0,0044	1,2905	1,7891	turb.	0,0021
0,8683	-0,0118	1,0409	0,001848	0,001455	0,002620	1458,9	0,0046	1,2695	1,8004	turb.	0,0021
0,9014	-0,0128	1,0580	0,001720	0,001365	0,002464	1421,4	0,0047	1,2603	1,8054	turb.	0,0021
0,9303	-0,0119	1,0431	0,001737	0,001370	0,002466	1450,4	0,0046	1,2685	1,8009	turb.	0,0021
0,9547	-0,0094	0,9930	0,001944	0,001501	0,002681	1566,3	0,0043	1,2951	1,7865	turb.	0,0022
0,9742	-0,0062	0,9073	0,002451	0,001813	0,003188	1801,6	0,0037	1,3518	1,7581	turb.	0,0023
0,9884	-0,0031	0,7796	0,003806	0,002533	0,004292	2293,0	0,0027	1,5027	1,6946	turb.	0,0027
0,9971	-0,0008	0,5405	0,014295	0,002173	0,007318	1175,4	0,0000	6,5785	3,3674	turb.	0,0000
1,0000	0,0000	0,3531	0,014295	0,002173	0,007318	767,8	0,0000	6,5785	3,3674	abgel.	0,0000

α	Ca	Cw	Cm 0.25		T.U.	T.L.	S.U.	S.L.	GZ	N.P.	D.P.	
[°]	[-]	[-]	[-]	[-]	[-]	[-]	[-]	[-]	[-]	[-]		
-19,0	-0,569	0,14709		-0,041	0,936	0,008	0,990	0,048	-3,869	0,228	0,177	
-18,0	-0,585	0,13564		-0,042	0,934	0,008	0,991	0,049	-4,312	0,221	0,179	
-17,0	-0,597	0,12160		-0,042	0,932	0,008	0,991	0,051	-4,908	0,189	0,179	
-16,0	-0,604	0,10996		-0,043	0,930	0,009	0,991	0,054	-5,489	0,071	0,179	
-15,0	-0,604	0,09813		-0,043	0,928	0,009	0,991	0,056	-6,154	0,444	0,178	
-14,0	-0,596	0,08749		-0,044	0,928	0,009	0,991	0,060	-6,817	0,321	0,176	
-13,0	-0,580	0,07811		-0,045	0,926	0,010	0,991	0,064	-7,427	0,290	0,172	
-12,0	-0,554	0,06904		-0,046	0,925	0,011	0,991	0,068	-8,019	0,276	0,167	
-11,0	-0,517	0,06109		-0,047	0,923	0,011	0,991	0,071	-8,458	0,279	0,159	
-10,0	-0,470	0,05324		-0,048	0,922	0,013	0,990	0,081	-8,820	0,286	0,147	
-9,0	-0,412	0,04559		-0,051	0,921	0,015	0,990	0,097	-9,048	0,287	0,128	
-8,0	-0,346	0,03890		-0,053	0,920	0,017	0,990	0,117	-8,886	0,287	0,097	
-7,0	-0,270	0,03269		-0,056	0,919	0,018	0,990	0,146	-8,267	0,493	0,044	
-6,0	-0,223	0,00278		-0,083	0,919	0,018	0,990	0,990	-80,229	0,428	-0,120	
-5,0	-0,114	0,00406		-0,084	0,333	0,019	0,990	0,991	-28,164	0,258	-0,480	
-4,0	-0,001	0,00350		-0,084	0,313	0,020	0,990	0,991	-0,357	0,258	-67,350	
-3,0	0,114	0,00396		-0,085	0,300	0,022	0,990	0,991	28,872	0,258	0,995	
-2,0	0,232	0,00335		-0,086	0,280	0,025	0,990	0,991	69,175	0,258	0,622	
-1,0	0,350	0,00331		-0,087	0,266	0,030	0,989	0,991	105,746		0,258	0,499
0,0	0,469	0,00327		-0,088	0,256	0,036	0,989	0,991	143,434		0,259	0,438
1,0	0,587	0,00328		-0,089	0,233	0,042	0,989	0,991	178,658		0,259	0,402
2,0	0,702	0,00371		-0,090	0,074	0,052	0,989	0,991	189,443		0,260	0,379
3,0	0,816	0,00383		-0,091	0,047	0,066	0,989	0,991	213,018		0,260	0,362
4,0	0,926	0,00400		-0,093	0,031	0,088	0,988	0,991	231,748		0,261	0,350
5,0	1,032	0,00328		-0,094	0,025	0,935	0,988	0,991	314,174		0,261	0,341
6,0	1,132	0,00354		-0,095	0,019	0,935	0,987	0,991	319,683		0,263	0,334
7,0	1,224	0,00384		-0,096	0,015	0,935	0,986	0,992	319,013		0,264	0,329
8,0	1,308	0,00415		-0,097	0,012	0,936	0,985	0,992	315,016		0,266	0,324
9,0	1,381	0,00448		-0,099	0,011	0,936	0,984	0,992	308,448		0,269	0,321
10,0	1,443	0,01157		-0,100	0,010	0,937	0,983	0,992	124,688		0,273	0,319
11,0	1,493	0,01270		-0,101	0,009	0,938	0,980	0,992	117,573		0,288	0,318
12,0	1,511	0,01401		-0,102	0,008	0,939	0,978	0,992	107,815		0,399	0,318
13,0	1,510	0,01546		-0,104	0,008	0,940	0,973	0,993	97,651	0,136	0,319	
14,0	1,490	0,01738		-0,105	0,007	0,941	0,964	0,993	85,708	0,211	0,320	
15,0	1,452	0,01973		-0,106	0,007	0,941	0,949	0,994	73,593	0,281	0,323	
16,0	1,324	0,03371		-0,100	0,006	0,942	0,659	0,993	39,269	0,314	0,325	
17,0	1,185	0,07205		-0,089	0,005	0,944	0,345	0,994	16,452	0,325	0,325	
18,0	1,100	0,09920		-0,083	0,004	0,945	0,232	0,994	11,093	0,324	0,325	
19,0	1,021	0,12724		-0,077	0,003	0,947	0,145	0,995	8,022	0,318	0,325	
20,0	0,953	0,14898		-0,073	0,003	0,949	0,108	0,995	6,399	0,301	0,327	

Platte P06 08 30 Re: 10E6, Wasser

1,00000000	0,00000000
0,99753084	0,00181028
0,99009522	0,00701751
0,97762193	0,01498739
0,96003356	0,02478055
0,93729894	0,03531550
0,90948919	0,04557058
0,87682420	0,05480126
0,83969724	0,06274590
0,79866904	0,06979203
0,75436133	0,07662006
0,70728585	0,08317887
0,65795820	0,08928242
0,60691881	0,09476938
0,55472705	0,09950898
0,50195502	0,10340562
0,44918129	0,10640175
0,39698453	0,10847922
0,34593708	0,10965882
0,29645204	0,10998938
0,24734381	0,10765996
0,20116810	0,10175431
0,15845483	0,09308089
0,11967515	0,08252855
0,08525757	0,07097175
0,05573789	0,05889428
0,03172480	0,04659150
0,01377932	0,03434820
0,00235150	0,02240645
-0,00227069	0,01093398
0,00000000	0,00000000
0,00774880	-0,00802567
0,01950090	-0,01096407
0,03516417	-0,00930966
0,05472975	-0,00380437
0,07823671	0,00458142
0,10572543	0,01467496
0,13718002	0,02513884
0,17241456	0,03472743
0,21104664	0,04257311
0,25265619	0,04789560
0,29681132	0,04999045
0,34504592	0,04966544
0,39510378	0,04850870
0,44629024	0,04647144

0,49804498	0,04353316
0,54980141	0,03971151
0,60099288	0,03506273
0,65105880	0,02968043
0,69945079	0,02369264
0,74563867	0,01725749
0,78911621	0,01055738
0,82943337	0,00394469
0,86632062	-0,00147718
0,89952780	-0,00489484
0,92872646	-0,00615798
0,95351190	-0,00562967
0,97343459	-0,00399586
0,98805238	-0,00206165
0,99699105	-0,00056059
1,00000000	0,00000000

x/l	y/l	v/V	δ_1	δ_2	δ_3	Reδ_2	C_f	H_12	H_32	Zust.	y1
[-]	[-]	[-]	[-]	[-]	[-]	[-]	[-]	[-]	[-]	[-]	[%]
1,0000	0,0000	0,3483	0,014737	0,006400	0,007675	2234,3	0,0000	2,3025	1,1991	abgel.	0,0000
0,9975	0,0018	0,5572	0,014737	0,006400	0,007675	3574,4	0,0000	2,3025	1,1991	abgel.	0,0000
0,9901	0,0070	0,8236	0,014737	0,006400	0,007675	5283,8	0,0000	2,3025	1,1991	turb.	0,0000
0,9776	0,0150	0,9871	0,004170	0,002730	0,004602	3041,2	0,0024	1,5277	1,6859	turb.	0,0029
0,9600	0,0248	1,1139	0,002801	0,002022	0,003525	2446,6	0,0033	1,3850	1,7430	turb.	0,0025
0,9373	0,0353	1,2069	0,002249	0,001689	0,002987	2138,3	0,0037	1,3315	1,7681	turb.	0,0023
0,9095	0,0456	1,2628	0,002034	0,001547	0,002748	1986,5	0,0039	1,3150	1,7764	turb.	0,0023
0,8768	0,0548	1,2811	0,002012	0,001520	0,002694	1934,8	0,0039	1,3235	1,7722	turb.	0,0023
0,8397	0,0627	1,2693	0,002046	0,001521	0,002680	1905,0	0,0037	1,3450	1,7617	turb.	0,0023
0,7987	0,0698	1,2495	0,001948	0,001439	0,002529	1801,2	0,0037	1,3536	1,7576	turb.	0,0023
0,7544	0,0766	1,2489	0,001799	0,001325	0,002327	1667,9	0,0038	1,3574	1,7558	turb.	0,0023
0,7073	0,0832	1,2555	0,001633	0,001201	0,002106	1521,8	0,0038	1,3603	1,7545	turb.	0,0023
0,6580	0,0893	1,2647	0,001460	0,001071	0,001877	1368,2	0,0039	1,3636	1,7530	turb.	0,0023
0,6069	0,0948	1,2750	0,001284	0,000938	0,001643	1209,7	0,0040	1,3684	1,7508	turb.	0,0022
0,5547	0,0995	1,2861	0,001108	0,000805	0,001407	1047,8	0,0040	1,3761	1,7473	turb.	0,0022
0,5020	0,1034	1,2981	0,000934	0,000672	0,001169	883,3	0,0041	1,3908	1,7407	turb.	0,0022
0,4492	0,1064	1,3116	0,000772	0,000541	0,000933	719,9	0,0040	1,4281	1,7249	turb.	0,0022
0,3970	0,1085	1,3285	0,000663	0,000415	0,000691	562,6	0,0032	1,5969	1,6642	turb.	0,0025
0,3459	0,1097	1,3517	0,000952	0,000303	0,000465	429,8	0,0005	3,1384	1,5322	lam.	0,0067
0,2965	0,1100	1,4135	0,000611	0,000244	0,000386	355,5	0,0014	2,5070	1,5825	lam.	0,0038
0,2473	0,1077	1,4557	0,000522	0,000216	0,000344	312,5	0,0018	2,4194	1,5936	lam.	0,0033
0,2012	0,1018	1,4452	0,000465	0,000194	0,000310	275,3	0,0021	2,3940	1,5970	lam.	0,0031
0,1585	0,0931	1,4129	0,000427	0,000176	0,000281	242,0	0,0023	2,4229	1,5932	lam.	0,0029
0,1197	0,0825	1,3693	0,000374	0,000153	0,000244	204,1	0,0027	2,4418	1,5907	lam.	0,0027
0,0853	0,0710	1,3293	0,000307	0,000126	0,000201	163,1	0,0034	2,4280	1,5926	lam.	0,0024
0,0557	0,0589	1,2886	0,000234	0,000098	0,000157	121,5	0,0049	2,3813	1,5988	lam.	0,0020
0,0317	0,0466	1,2324	0,000156	0,000068	0,000110	77,2	0,0086	2,2986	1,6106	lam.	0,0015
0,0138	0,0343	1,1324	0,000093	0,000041	0,000067	37,2	0,0192	2,2368	1,6199	lam.	0,0010
0,0024	0,0224	0,8967	0,000028	0,000013	0,000021	4,1	0,0001	2,2364	1,6200	lam.	0,0141
-0,0023	0,0109	0,2927	0,000001	0,000000	0,000001	0,0	0,0000	2,2364	1,6200	lam.	0,0000
0,0000	0,0000	0,6132	0,000029	0,000013	0,000021	4,0	0,0001	2,2364	1,6200	lam.	0,0141
0,0077	-0,0080	1,3209	0,000120	0,000053	0,000086	32,8	0,0216	2,2441	1,6188	lam.	0,0010
0,0195	-0,0110	1,4343	0,000082	0,000037	0,000060	48,8	0,0149	2,2281	1,6213	lam.	0,0012
0,0352	-0,0093	1,2691	0,000153	0,000064	0,000101	91,4	0,0063	2,4094	1,5952	lam.	0,0018
0,0547	-0,0038	1,0963	0,000258	0,000139	0,000222	175,9	0,0028	1,8555	1,5958	turb.	0,0027
0,0782	0,0046	0,9583	0,000510	0,000282	0,000453	308,7	0,0026	1,8061	1,6049	turb.	0,0028
0,1057	0,0147	0,8539	0,002136	0,001065	0,001121	911,6	0,0000	2,0058	1,0521	turb.	0,0000
0,1372	0,0251	0,7813	0,002136	0,001065	0,001121	834,1	0,0000	2,0058	1,0521	abgel.	0,0000
0,1724	0,0347	0,7365	0,002136	0,001065	0,001121	786,3	0,0000	2,0058	1,0521	abgel.	0,0000
0,2110	0,0426	0,7096	0,002136	0,001065	0,001121	757,5	0,0000	2,0058	1,0521	abgel.	0,0000
0,2527	0,0479	0,6991	0,002136	0,001065	0,001121	746,3	0,0000	2,0058	1,0521	abgel.	0,0000
0,2968	0,0500	0,7195	0,002136	0,001065	0,001121	768,1	0,0000	2,0058	1,0521	abgel.	0,0000
0,3450	0,0497	0,7549	0,002136	0,001065	0,001121	805,9	0,0000	2,0058	1,0521	abgel.	0,0000
0,3951	0,0485	0,7696	0,002136	0,001065	0,001121	821,5	0,0000	2,0058	1,0521	abgel.	0,0000
0,4463	0,0465	0,7812	0,002136	0,001065	0,001121	833,9	0,0000	2,0058	1,0521	abgel.	0,0000
0,4980	0,0435	0,7916	0,002136	0,001065	0,001121	845,1	0,0000	2,0058	1,0521	abgel.	0,0000
0,5498	0,0397	0,8023	0,002136	0,001065	0,001121	856,4	0,0000	2,0058	1,0521	abgel.	0,0000

0,6010	0,0351	0,8139	0,002136	0,001065	0,001121	868,9	0,0000	2,0058	1,0521	abgel.	0,0000
0,6511	0,0297	0,8272	0,002136	0,001065	0,001121	883,1	0,0000	2,0058	1,0521	abgel.	0,0000
0,6995	0,0237	0,8430	0,002136	0,001065	0,001121	900,0	0,0000	2,0058	1,0521	abgel.	0,0000
0,7456	0,0173	0,8627	0,002136	0,001065	0,001121	920,9	0,0000	2,0058	1,0521	abgel.	0,0000
0,7891	0,0106	0,8901	0,002136	0,001065	0,001121	950,2	0,0000	2,0058	1,0521	abgel.	0,0000
0,8294	0,0039	0,9356	0,002136	0,001065	0,001121	998,8	0,0000	2,0058	1,0521	abgel.	0,0000
0,8663	-0,0015	0,9792	0,002136	0,001065	0,001121	1045,4	0,0000	2,0058	1,0521	abgel.	0,0000
0,8995	-0,0049	1,0023	0,002136	0,001065	0,001121	1070,0	0,0000	2,0058	1,0521	abgel.	0,0000
0,9287	-0,0062	0,9957	0,002136	0,001065	0,001121	1062,9	0,0000	2,0058	1,0521	abgel.	0,0000
0,9535	-0,0056	0,9554	0,002136	0,001065	0,001121	1019,9	0,0000	2,0058	1,0521	abgel.	0,0000
0,9734	-0,0040	0,8804	0,002136	0,001065	0,001121	939,9	0,0000	2,0058	1,0521	abgel.	0,0000
0,9881	-0,0021	0,7631	0,002136	0,001065	0,001121	814,6	0,0000	2,0058	1,0521	abgel.	0,0000
0,9970	-0,0006	0,5316	0,002136	0,001065	0,001121	567,5	0,0000	2,0058	1,0521	abgel.	0,0000
1,0000	0,0000	0,3483	0,002136	0,001065	0,001121	371,8	0,0000	2,0058	1,0521	abgel.	0,0000

α	Ca	Cw	Cm 0.25		T.U.	T.L.	S.U.	S.L.	GZ	N.P.	D.P.	
[°]	[-]	[-]	[-]	[-]	[-]	[-]	[-]	[-]	[-]	[-]		
-19,0	-0,420	0,14934		-0,086	0,925	0,009	0,990	0,042	-2,809	1,597	0,044	
-18,0	-0,419	0,13431		-0,087	0,923	0,010	0,990	0,045	-3,117	0,420	0,041	
-17,0	-0,413	0,12237		-0,087	0,922	0,010	0,990	0,045	-3,372	0,292	0,038	
-16,0	-0,401	0,10889		-0,088	0,920	0,010	0,990	0,046	-3,683	0,292	0,030	
-15,0	-0,382	0,09848		-0,089	0,919	0,010	0,990	0,048	-3,883	0,270	0,018	
-14,0	-0,356	0,08882		-0,089	0,919	0,011	0,990	0,048	-4,008	0,269	-0,000	
-13,0	-0,321	0,07977		-0,090	0,918	0,011	0,989	0,050	-4,026	0,266	-0,030	
-12,0	-0,277	0,07164		-0,090	0,917	0,010	0,989	0,051	-3,867	0,264	-0,076	
-11,0	-0,224	0,06366		-0,091	0,915	0,011	0,989	0,052	-3,512	0,268	-0,158	
-10,0	-0,161	0,05578		-0,092	0,914	0,012	0,989	0,055	-2,883	0,270	-0,324	
-9,0	-0,089	0,05024		-0,094	0,337	0,012	0,989	0,058	-1,777	0,275	-0,801	
-8,0	-0,010	0,04439		-0,096	0,322	0,013	0,988	0,064	-0,219	0,277	-9,620	
-7,0	0,077	0,03914		-0,098	0,313	0,014	0,988	0,070	1,962	0,277	1,530	
-6,0	0,169	0,03458		-0,101	0,305	0,016	0,988	0,078	4,887	0,286	0,847	
-5,0	0,266	0,03033		-0,105	0,300	0,020	0,988	0,092	8,768	0,287	0,645	
-4,0	0,366	0,02715		-0,108	0,288	0,021	0,987	0,104	13,479	0,289	0,546	
-3,0	0,469	0,02425		-0,113	0,277	0,022	0,987	0,124	19,332	0,306	0,491	
-2,0	0,576	0,02073		-0,120	0,269	0,023	0,987	0,163	27,770	0,427	0,458	
-1,0	0,812	0,00332		-0,173	0,263	0,025	0,987	0,992	244,517		0,404	0,464
0,0	0,931	0,00335		-0,175	0,258	0,027	0,986	0,992	277,591		0,261	0,438
1,0	1,048	0,00338		-0,176	0,255	0,031	0,986	0,992	309,804		0,262	0,418
2,0	1,164	0,00342		-0,178	0,251	0,039	0,986	0,992	340,052		0,263	0,403
3,0	1,279	0,00347		-0,179	0,243	0,045	0,986	0,993	368,133		0,263	0,390
4,0	1,393	0,00363		-0,181	0,222	0,055	0,985	0,993	383,464		0,264	0,380
5,0	1,501	0,00378		-0,182	0,208	0,069	0,985	0,993	397,506		0,266	0,371
6,0	1,601	0,01143		-0,184	0,032	0,088	0,983	0,993	140,128		0,267	0,365
7,0	1,694	0,01263		-0,186	0,023	0,119	0,982	0,993	134,143		0,269	0,360
8,0	1,778	0,01298		-0,187	0,013	0,942	0,981	0,993	136,968		0,272	0,355
9,0	1,852	0,01415		-0,189	0,010	0,943	0,979	0,993	130,863		0,277	0,352
10,0	1,913	0,01559		-0,191	0,008	0,944	0,977	0,994	122,752		0,283	0,350
11,0	1,961	0,01697		-0,193	0,006	0,945	0,973	0,994	115,541		0,301	0,348
12,0	1,986	0,01855		-0,195	0,005	0,947	0,969	0,995	107,063		0,471	0,348
13,0	1,978	0,02031		-0,197	0,005	0,949	0,966	0,996	97,366	0,150	0,349	
14,0	1,948	0,02230		-0,198	0,004	0,950	0,960	0,996	87,344	0,205	0,352	
15,0	1,898	0,02451		-0,200	0,003	0,952	0,952	0,997	77,433	0,221	0,355	
16,0	1,830	0,02733		-0,202	0,002	0,954	0,941	0,997	66,953	0,232	0,360	
17,0	1,744	0,03139		-0,203	0,001	0,955	0,915	0,998	55,547	0,267	0,366	
18,0	1,607	0,04008		-0,198	0,001	0,955	0,768	0,998	40,108	0,286	0,373	
19,0	1,479	0,05334		-0,193	0,000	0,957	0,648	0,998	27,727	0,290	0,381	
20,0	1,354	0,07228		-0,188	-0,000	0,958	0,533	0,998	18,731	0,293	0,389	

Platte P06 10 30 Re: 10E6, Wasser

1,00000000	0,00000000
0,99759374	0,00195039
0,99033362	0,00757669
0,97811185	0,01623984
0,96079928	0,02698980
0,93830981	0,03872528
0,91066972	0,05039305
0,87807587	0,06120409
0,84092753	0,07084074
0,79982103	0,07962678
0,75541955	0,08817988
0,70824191	0,09639618
0,65880468	0,10404257
0,60764944	0,11091682
0,55533694	0,11685503
0,50244086	0,12173727
0,44954150	0,12549135
0,39721930	0,12809443
0,34604845	0,12957249
0,29640713	0,12998655
0,24668705	0,12703873
0,19997983	0,11957219
0,15683974	0,10862262
0,11773990	0,09532377
0,08309953	0,08079647
0,05347129	0,06577477
0,02949956	0,05080008
0,01177914	0,03637897
0,00078705	0,02293505
-0,00317078	0,01076412
0,00000000	0,00000000
0,00864888	-0,00712873
0,02106535	-0,00863208
0,03716434	-0,00508080
0,05695498	0,00268385
0,08050331	0,01356986
0,10788348	0,02626192
0,13911527	0,03926047
0,17402966	0,05113778
0,21223492	0,06083709
0,25331295	0,06740571
0,29685623	0,06998823
0,34493456	0,06958283
0,39486901	0,06814048
0,44593004	0,06560014
0,49755914	0,06193620

0,54919153	0,05717058
0,60026225	0,05137332
0,65021232	0,04466099
0,69849473	0,03719321
0,74458045	0,02916705
0,78796422	0,02080998
0,82820308	0,01252250
0,86506896	0,00545100
0,89834727	0,00045163
0,92771559	-0,00227837
0,95274618	-0,00305119
0,97294467	-0,00250043
0,98781398	-0,00138187
0,99692816	-0,00038828
1,00000000	0,00000000

x/l	y/l	v/V	δ_1	δ_2	δ_3	Reδ_2	C_f	H_12	H_32	Zust.	y1
[-]	[-]	[-]	[-]	[-]	[-]	[-]	[-]	[-]	[-]	[-]	[%]
1,0000	0,0000	0,3439	0,015902	0,007363	0,008067	2540,5	0,0000	2,1597	1,0957	abgel.	0,0000
0,9976	0,0020	0,5566	0,015902	0,007363	0,008067	4111,6	0,0000	2,1597	1,0957	abgel.	0,0000
0,9903	0,0076	0,8258	0,015902	0,007363	0,008067	6099,7	0,0000	2,1597	1,0957	turb.	0,0000
0,9781	0,0162	0,9928	0,004737	0,003021	0,005052	3408,1	0,0022	1,5679	1,6721	turb.	0,0030
0,9608	0,0270	1,1243	0,003125	0,002224	0,003856	2729,1	0,0031	1,4054	1,7340	turb.	0,0026
0,9383	0,0387	1,2232	0,002479	0,001843	0,003246	2375,3	0,0035	1,3452	1,7615	turb.	0,0024
0,9107	0,0504	1,2855	0,002212	0,001668	0,002955	2193,0	0,0037	1,3257	1,7711	turb.	0,0023
0,8781	0,0612	1,3102	0,002161	0,001621	0,002865	2121,8	0,0037	1,3332	1,7674	turb.	0,0023
0,8409	0,0708	1,3043	0,002174	0,001605	0,002821	2077,0	0,0036	1,3540	1,7574	turb.	0,0024
0,7998	0,0796	1,2895	0,002052	0,001508	0,002645	1957,0	0,0036	1,3609	1,7542	turb.	0,0024
0,7554	0,0882	1,2939	0,001876	0,001377	0,002414	1802,8	0,0037	1,3629	1,7533	turb.	0,0023
0,7082	0,0964	1,3054	0,001690	0,001239	0,002171	1639,1	0,0037	1,3644	1,7526	turb.	0,0023
0,6588	0,1040	1,3191	0,001501	0,001098	0,001924	1469,4	0,0038	1,3665	1,7516	turb.	0,0023
0,6076	0,1109	1,3337	0,001313	0,000958	0,001676	1296,4	0,0039	1,3704	1,7498	turb.	0,0023
0,5553	0,1169	1,3488	0,001128	0,000819	0,001430	1121,0	0,0040	1,3774	1,7466	turb.	0,0022
0,5024	0,1217	1,3646	0,000947	0,000681	0,001185	943,7	0,0040	1,3913	1,7405	turb.	0,0022
0,4495	0,1255	1,3820	0,000776	0,000544	0,000938	765,4	0,0040	1,4263	1,7256	turb.	0,0022
0,3972	0,1281	1,4032	0,000652	0,000416	0,000695	596,8	0,0033	1,5687	1,6732	turb.	0,0025
0,3460	0,1296	1,4322	0,000931	0,000287	0,000438	434,8	0,0004	3,2452	1,5278	lam.	0,0074
0,2964	0,1300	1,5110	0,000554	0,000224	0,000356	351,6	0,0015	2,4726	1,5868	lam.	0,0037
0,2467	0,1270	1,5628	0,000471	0,000198	0,000316	306,1	0,0019	2,3808	1,5988	lam.	0,0032
0,2000	0,1196	1,5428	0,000423	0,000180	0,000288	269,2	0,0023	2,3525	1,6027	lam.	0,0030
0,1568	0,1086	1,4931	0,000389	0,000164	0,000263	235,3	0,0025	2,3726	1,5999	lam.	0,0028
0,1177	0,0953	1,4275	0,000346	0,000145	0,000232	198,5	0,0029	2,3875	1,5979	lam.	0,0026
0,0831	0,0808	1,3631	0,000290	0,000122	0,000195	158,6	0,0037	2,3797	1,5990	lam.	0,0023
0,0535	0,0658	1,2957	0,000224	0,000095	0,000153	116,0	0,0053	2,3503	1,6031	lam.	0,0019
0,0295	0,0508	1,2108	0,000155	0,000068	0,000110	74,1	0,0091	2,2819	1,6130	lam.	0,0015
0,0118	0,0364	1,0803	0,000093	0,000041	0,000067	34,0	0,0211	2,2356	1,6201	lam.	0,0010
0,0008	0,0229	0,8164	0,000035	0,000016	0,000025	3,5	0,0001	2,2364	1,6200	lam.	0,0141
-0,0032	0,0108	0,1909	0,000001	0,000000	0,000001	0,0	0,0000	2,2364	1,6200	lam.	0,0000
0,0000	0,0000	0,7296	0,000034	0,000015	0,000025	3,4	0,0001	2,2364	1,6200	lam.	0,0141
0,0086	-0,0071	1,3933	0,000094	0,000042	0,000068	30,7	0,0233	2,2359	1,6201	lam.	0,0009
0,0211	-0,0086	1,4257	0,000085	0,000038	0,000061	53,6	0,0135	2,2327	1,6206	lam.	0,0012
0,0372	-0,0051	1,2252	0,000178	0,000070	0,000111	100,7	0,0049	2,5233	1,5806	lam.	0,0020
0,0570	0,0027	1,0402	0,000319	0,000166	0,000262	202,6	0,0024	1,9262	1,5790	turb.	0,0029
0,0805	0,0136	0,8966	0,001453	0,001088	0,000745	979,0	0,0000	1,3350	0,6840	turb.	0,0000
0,1079	0,0263	0,7888	0,001453	0,001088	0,000745	861,3	0,0000	1,3350	0,6840	abgel.	0,0000
0,1391	0,0393	0,7131	0,001453	0,001088	0,000745	778,7	0,0000	1,3350	0,6840	abgel.	0,0000
0,1740	0,0511	0,6653	0,001453	0,001088	0,000745	726,5	0,0000	1,3350	0,6840	abgel.	0,0000
0,2122	0,0608	0,6363	0,001453	0,001088	0,000745	694,8	0,0000	1,3350	0,6840	abgel.	0,0000
0,2533	0,0674	0,6253	0,001453	0,001088	0,000745	682,8	0,0000	1,3350	0,6840	abgel.	0,0000
0,2969	0,0700	0,6492	0,001453	0,001088	0,000745	708,9	0,0000	1,3350	0,6840	abgel.	0,0000
0,3449	0,0696	0,6909	0,001453	0,001088	0,000745	754,4	0,0000	1,3350	0,6840	abgel.	0,0000
0,3949	0,0681	0,7087	0,001453	0,001088	0,000745	773,9	0,0000	1,3350	0,6840	abgel.	0,0000
0,4459	0,0656	0,7228	0,001453	0,001088	0,000745	789,3	0,0000	1,3350	0,6840	abgel.	0,0000
0,4976	0,0619	0,7354	0,001453	0,001088	0,000745	803,0	0,0000	1,3350	0,6840	abgel.	0,0000
0,5492	0,0572	0,7480	0,001453	0,001088	0,000745	816,8	0,0000	1,3350	0,6840	abgel.	0,0000
0,6003	0,0514	0,7615	0,001453	0,001088	0,000745	831,6	0,0000	1,3350	0,6840	abgel.	0,0000
0,6502	0,0447	0,7768	0,001453	0,001088	0,000745	848,2	0,0000	1,3350	0,6840	abgel.	0,0000

0,6985	0,0372	0,7946	0,001453	0,001088	0,000745	867,6	0,0000	1,3350	0,6840	abgel.	0,0000
0,7446	0,0292	0,8162	0,001453	0,001088	0,000745	891,3	0,0000	1,3350	0,6840	abgel.	0,0000
0,7880	0,0208	0,8456	0,001453	0,001088	0,000745	923,4	0,0000	1,3350	0,6840	abgel.	0,0000
0,8282	0,0125	0,8925	0,001453	0,001088	0,000745	974,6	0,0000	1,3350	0,6840	abgel.	0,0000
0,8651	0,0055	0,9382	0,001453	0,001088	0,000745	1024,5	0,0000	1,3350	0,6840	abgel.	0,0000
0,8983	0,0005	0,9648	0,001453	0,001088	0,000745	1053,6	0,0000	1,3350	0,6840	abgel.	0,0000
0,9277	-0,0023	0,9633	0,001453	0,001088	0,000745	1051,9	0,0000	1,3350	0,6840	abgel.	0,0000
0,9527	-0,0031	0,9294	0,001453	0,001088	0,000745	1014,9	0,0000	1,3350	0,6840	abgel.	0,0000
0,9729	-0,0025	0,8614	0,001453	0,001088	0,000745	940,7	0,0000	1,3350	0,6840	abgel.	0,0000
0,9878	-0,0014	0,7511	0,001453	0,001088	0,000745	820,2	0,0000	1,3350	0,6840	abgel.	0,0000
0,9969	-0,0004	0,5250	0,001453	0,001088	0,000745	573,3	0,0000	1,3350	0,6840	abgel.	0,0000
1,0000	0,0000	0,3439	0,001453	0,001088	0,000745	375,6	0,0000	1,3350	0,6840	abgel.	0,0000

α	Ca	Cw	Cm 0.25		T.U.	T.L.	S.U.	S.L.	GZ	N.P.	D.P.	
[°]	[-]	[-]	[-]	[-]	[-]	[-]	[-]	[-]	[-]	[-]		
-19,0	-0,420	0,14934		-0,086	0,925	0,009	0,990	0,042	-2,809	1,597	0,044	
-18,0	-0,419	0,13431		-0,087	0,923	0,010	0,990	0,045	-3,117	0,420	0,041	
-17,0	-0,413	0,12237		-0,087	0,922	0,010	0,990	0,045	-3,372	0,292	0,038	
-16,0	-0,401	0,10889		-0,088	0,920	0,010	0,990	0,046	-3,683	0,292	0,030	
-15,0	-0,382	0,09848		-0,089	0,919	0,010	0,990	0,048	-3,883	0,270	0,018	
-14,0	-0,356	0,08882		-0,089	0,919	0,011	0,990	0,048	-4,008	0,269	-0,000	
-13,0	-0,321	0,07977		-0,090	0,918	0,011	0,989	0,050	-4,026	0,266	-0,030	
-12,0	-0,277	0,07164		-0,090	0,917	0,010	0,989	0,051	-3,867	0,264	-0,076	
-11,0	-0,224	0,06366		-0,091	0,915	0,011	0,989	0,052	-3,512	0,268	-0,158	
-10,0	-0,161	0,05578		-0,092	0,914	0,012	0,989	0,055	-2,883	0,270	-0,324	
-9,0	-0,089	0,05024		-0,094	0,337	0,012	0,989	0,058	-1,777	0,275	-0,801	
-8,0	-0,010	0,04439		-0,096	0,322	0,013	0,988	0,064	-0,219	0,277	-9,620	
-7,0	0,077	0,03914		-0,098	0,313	0,014	0,988	0,070	1,962	0,277	1,530	
-6,0	0,169	0,03458		-0,101	0,305	0,016	0,988	0,078	4,887	0,286	0,847	
-5,0	0,266	0,03033		-0,105	0,300	0,020	0,988	0,092	8,768	0,287	0,645	
-4,0	0,366	0,02715		-0,108	0,288	0,021	0,987	0,104	13,479	0,289	0,546	
-3,0	0,469	0,02425		-0,113	0,277	0,022	0,987	0,124	19,332	0,306	0,491	
-2,0	0,576	0,02073		-0,120	0,269	0,023	0,987	0,163	27,770	0,427	0,458	
-1,0	0,812	0,00332		-0,173	0,263	0,025	0,987	0,992	244,517		0,404	0,464
0,0	0,931	0,00335		-0,175	0,258	0,027	0,986	0,992	277,591		0,261	0,438
1,0	1,048	0,00338		-0,176	0,255	0,031	0,986	0,992	309,804		0,262	0,418
2,0	1,164	0,00342		-0,178	0,251	0,039	0,986	0,992	340,052		0,263	0,403
3,0	1,279	0,00347		-0,179	0,243	0,045	0,986	0,993	368,133		0,263	0,390
4,0	1,393	0,00363		-0,181	0,222	0,055	0,985	0,993	383,464		0,264	0,380
5,0	1,501	0,00378		-0,182	0,208	0,069	0,985	0,993	397,506		0,266	0,371
6,0	1,601	0,01143		-0,184	0,032	0,088	0,983	0,993	140,128		0,267	0,365
7,0	1,694	0,01263		-0,186	0,023	0,119	0,982	0,993	134,143		0,269	0,360
8,0	1,778	0,01298		-0,187	0,013	0,942	0,981	0,993	136,968		0,272	0,355
9,0	1,852	0,01415		-0,189	0,010	0,943	0,979	0,993	130,863		0,277	0,352
10,0	1,913	0,01559		-0,191	0,008	0,944	0,977	0,994	122,752		0,283	0,350
11,0	1,961	0,01697		-0,193	0,006	0,945	0,973	0,994	115,541		0,301	0,348
12,0	1,986	0,01855		-0,195	0,005	0,947	0,969	0,995	107,063		0,471	0,348
13,0	1,978	0,02031		-0,197	0,005	0,949	0,966	0,996	97,366	0,150	0,349	
14,0	1,948	0,02230		-0,198	0,004	0,950	0,960	0,996	87,344	0,205	0,352	
15,0	1,898	0,02451		-0,200	0,003	0,952	0,952	0,997	77,433	0,221	0,355	
16,0	1,830	0,02733		-0,202	0,002	0,954	0,941	0,997	66,953	0,232	0,360	
17,0	1,744	0,03139		-0,203	0,001	0,955	0,915	0,998	55,547	0,267	0,366	
18,0	1,607	0,04008		-0,198	0,001	0,955	0,768	0,998	40,108	0,286	0,373	
19,0	1,479	0,05334		-0,193	0,000	0,957	0,648	0,998	27,727	0,290	0,381	
20,0	1,354	0,07228		-0,188	-0,000	0,958	0,533	0,998	18,731	0,293	0,389	

NACA 00 00 06 (NACA 0006), Re: 10E6, Wasser

1,00000000	0,00063000
0,99726095	0,00082183
0,98907380	0,00139138
0,97552826	0,00232124
0,95677273	0,00358381
0,93301270	0,00514316
0,90450850	0,00695716
0,87157241	0,00897951
0,83456530	0,01116142
0,79389263	0,01345258
0,75000000	0,01580153
0,70336832	0,01815529
0,65450850	0,02045870
0,60395585	0,02265370
0,55226423	0,02467893
0,50000000	0,02647013
0,44773577	0,02796138
0,39604415	0,02908753
0,34549150	0,02978736
0,29663168	0,03000748
0,25000000	0,02970621
0,20610737	0,02885707
0,16543470	0,02745112
0,12842759	0,02549790
0,09549150	0,02302447
0,06698730	0,02007260
0,04322727	0,01669439
0,02447174	0,01294666
0,01092620	0,00888486
0,00273905	0,00455724
0,00000000	0,00000000
0,00273905	-0,00455724
0,01092620	-0,00888486
0,02447174	-0,01294666
0,04322727	-0,01669439
0,06698730	-0,02007260
0,09549150	-0,02302447
0,12842759	-0,02549790
0,16543470	-0,02745112
0,20610737	-0,02885707
0,25000000	-0,02970621
0,29663168	-0,03000748
0,34549150	-0,02978736
0,39604415	-0,02908753
0,44773577	-0,02796138

0,50000000	-0,02647013
0,55226423	-0,02467893
0,60395585	-0,02265370
0,65450850	-0,02045870
0,70336832	-0,01815529
0,75000000	-0,01580153
0,79389263	-0,01345258
0,83456530	-0,01116142
0,87157241	-0,00897951
0,90450850	-0,00695716
0,93301270	-0,00514316
0,95677273	-0,00358381
0,97552826	-0,00232124
0,98907380	-0,00139138
0,99726095	-0,00082183
1,00000000	-0,00063000

x/l	y/l	v/V	δ_1	δ_2	δ_3	Reδ_2	C_f	H_12	H_32	Zust.	y1
[-]	[-]	[-]	[-]	[-]	[-]	[-]	[-]	[-]	[-]	[-]	[%]
1,0000	0,0006	0,2569	0,007842	0,001194	0,004014	306,8	0,0000	6,5676	3,3618	turb.	0,0000
0,9973	0,0008	0,9770	0,001773	0,001233	0,002121	1166,4	0,0035	1,4387	1,7203	turb.	0,0024
0,9891	0,0014	0,9468	0,001651	0,001155	0,001992	1107,7	0,0036	1,4289	1,7244	turb.	0,0024
0,9755	0,0023	0,9591	0,001529	0,001073	0,001853	1042,1	0,0037	1,4250	1,7261	turb.	0,0023
0,9568	0,0036	0,9712	0,001415	0,000989	0,001705	970,8	0,0037	1,4306	1,7238	turb.	0,0023
0,9330	0,0051	0,9818	0,001312	0,000905	0,001554	897,2	0,0037	1,4498	1,7161	turb.	0,0023
0,9045	0,0070	0,9911	0,001229	0,000821	0,001395	820,9	0,0034	1,4957	1,6985	turb.	0,0024
0,8716	0,0090	0,9994	0,001192	0,000741	0,001230	746,1	0,0029	1,6084	1,6604	turb.	0,0026
0,8346	0,0112	1,0070	0,001304	0,000673	0,001063	682,9	0,0018	1,9365	1,5779	turb.	0,0034
0,7939	0,0135	1,0141	0,001921	0,000637	0,000980	650,4	0,0004	3,0156	1,5387	lam.	0,0074
0,7500	0,0158	1,0208	0,001793	0,000609	0,000939	625,1	0,0004	2,9469	1,5428	lam.	0,0069
0,7034	0,0182	1,0273	0,001678	0,000579	0,000896	598,8	0,0005	2,8960	1,5462	lam.	0,0065
0,6545	0,0205	1,0338	0,001569	0,000549	0,000851	571,5	0,0005	2,8554	1,5492	lam.	0,0061
0,6040	0,0227	1,0402	0,001463	0,000519	0,000805	542,8	0,0006	2,8205	1,5518	lam.	0,0058
0,5523	0,0247	1,0467	0,001359	0,000487	0,000757	513,3	0,0007	2,7895	1,5543	lam.	0,0055
0,5000	0,0265	1,0532	0,001258	0,000456	0,000709	482,9	0,0007	2,7610	1,5567	lam.	0,0053
0,4477	0,0280	1,0598	0,001156	0,000423	0,000659	450,9	0,0008	2,7335	1,5591	lam.	0,0050
0,3960	0,0291	1,0663	0,001056	0,000390	0,000609	418,3	0,0009	2,7079	1,5614	lam.	0,0047
0,3455	0,0298	1,0727	0,000959	0,000357	0,000559	385,3	0,0010	2,6841	1,5636	lam.	0,0045
0,2966	0,0300	1,0788	0,000862	0,000324	0,000507	351,3	0,0011	2,6620	1,5657	lam.	0,0042
0,2500	0,0297	1,0844	0,000767	0,000290	0,000455	316,3	0,0013	2,6416	1,5676	lam.	0,0039
0,2061	0,0289	1,0894	0,000676	0,000258	0,000404	281,6	0,0015	2,6237	1,5694	lam.	0,0037
0,1654	0,0275	1,0936	0,000584	0,000224	0,000352	245,5	0,0018	2,6066	1,5710	lam.	0,0034
0,1284	0,0255	1,0968	0,000495	0,000191	0,000301	210,1	0,0021	2,5886	1,5729	lam.	0,0031
0,0955	0,0230	1,0987	0,000406	0,000158	0,000249	173,6	0,0026	2,5704	1,5750	lam.	0,0028
0,0670	0,0201	1,0987	0,000315	0,000124	0,000195	135,6	0,0035	2,5429	1,5782	lam.	0,0024
0,0432	0,0167	1,0954	0,000224	0,000090	0,000143	97,8	0,0052	2,4884	1,5850	lam.	0,0020
0,0245	0,0129	1,0843	0,000133	0,000057	0,000091	59,4	0,0104	2,3484	1,6035	lam.	0,0014
0,0109	0,0089	1,0494	0,000065	0,000029	0,000047	16,7	0,0429	2,2352	1,6202	lam.	0,0007
0,0027	0,0046	0,8973	0,000050	0,000022	0,000036	2,2	0,0001	2,2364	1,6200	lam.	0,0141
0,0000	0,0000	0,0000	0,000001	0,000000	0,000001	0,0	0,0000	2,2364	1,6200	lam.	0,0000
0,0027	-0,0046	0,8973	0,000050	0,000022	0,000036	2,2	0,0001	2,2364	1,6200	lam.	0,0141
0,0109	-0,0089	1,0494	0,000065	0,000029	0,000047	16,7	0,0429	2,2352	1,6202	lam.	0,0007
0,0245	-0,0129	1,0843	0,000133	0,000057	0,000091	59,4	0,0104	2,3484	1,6035	lam.	0,0014
0,0432	-0,0167	1,0954	0,000224	0,000090	0,000143	97,8	0,0052	2,4884	1,5850	lam.	0,0020
0,0670	-0,0201	1,0987	0,000315	0,000124	0,000195	135,6	0,0035	2,5429	1,5782	lam.	0,0024
0,0955	-0,0230	1,0987	0,000406	0,000158	0,000249	173,6	0,0026	2,5704	1,5750	lam.	0,0028
0,1284	-0,0255	1,0968	0,000495	0,000191	0,000301	210,1	0,0021	2,5886	1,5729	lam.	0,0031
0,1654	-0,0275	1,0936	0,000584	0,000224	0,000352	245,5	0,0018	2,6066	1,5710	lam.	0,0034
0,2061	-0,0289	1,0894	0,000676	0,000258	0,000404	281,6	0,0015	2,6237	1,5694	lam.	0,0037
0,2500	-0,0297	1,0844	0,000767	0,000290	0,000455	316,3	0,0013	2,6416	1,5676	lam.	0,0039
0,2966	-0,0300	1,0788	0,000862	0,000324	0,000507	351,3	0,0011	2,6620	1,5657	lam.	0,0042
0,3455	-0,0298	1,0727	0,000959	0,000357	0,000559	385,3	0,0010	2,6841	1,5636	lam.	0,0045
0,3960	-0,0291	1,0663	0,001056	0,000390	0,000609	418,3	0,0009	2,7079	1,5614	lam.	0,0047
0,4477	-0,0280	1,0598	0,001156	0,000423	0,000659	450,9	0,0008	2,7335	1,5591	lam.	0,0050
0,5000	-0,0265	1,0532	0,001258	0,000456	0,000709	482,9	0,0007	2,7610	1,5567	lam.	0,0053
0,5523	-0,0247	1,0467	0,001359	0,000487	0,000757	513,3	0,0007	2,7895	1,5543	lam.	0,0055

0,6040	-0,0227	1,0402	0,001463	0,000519	0,000805	542,8	0,0006	2,8205	1,5518	lam.	0,0058
0,6545	-0,0205	1,0338	0,001569	0,000549	0,000851	571,5	0,0005	2,8554	1,5492	lam.	0,0061
0,7034	-0,0182	1,0273	0,001678	0,000579	0,000896	598,8	0,0005	2,8960	1,5462	lam.	0,0065
0,7500	-0,0158	1,0208	0,001793	0,000609	0,000939	625,1	0,0004	2,9469	1,5428	lam.	0,0069
0,7939	-0,0135	1,0141	0,001921	0,000637	0,000980	650,4	0,0004	3,0156	1,5387	lam.	0,0074
0,8346	-0,0112	1,0070	0,001304	0,000673	0,001063	682,9	0,0018	1,9365	1,5779	turb.	0,0034
0,8716	-0,0090	0,9994	0,001192	0,000741	0,001230	746,1	0,0029	1,6084	1,6604	turb.	0,0026
0,9045	-0,0070	0,9911	0,001229	0,000821	0,001395	820,9	0,0034	1,4957	1,6985	turb.	0,0024
0,9330	-0,0051	0,9818	0,001312	0,000905	0,001554	897,2	0,0037	1,4498	1,7161	turb.	0,0023
0,9568	-0,0036	0,9712	0,001415	0,000989	0,001705	970,8	0,0037	1,4306	1,7238	turb.	0,0023
0,9755	-0,0023	0,9591	0,001529	0,001073	0,001853	1042,1	0,0037	1,4250	1,7261	turb.	0,0023
0,9891	-0,0014	0,9468	0,001651	0,001155	0,001992	1107,7	0,0036	1,4289	1,7244	turb.	0,0024
0,9973	-0,0008	0,9770	0,001773	0,001233	0,002121	1166,4	0,0035	1,4387	1,7203	turb.	0,0024
1,0000	-0,0006	0,2569	0,007842	0,001194	0,004014	306,8	0,0000	6,5676	3,3618	turb.	0,0000

α	Ca	Cw	Cm 0.25		T.U.	T.L.	S.U.	S.L.	GZ	N.P.	D.P.
[°]	[-]	[-]	[-]	[-]	[-]	[-]	[-]	[-]	[-]	[-]	
-19,0	-0,172	0,14890		0,007	1,000	0,001	1,000	0,048	-1,155	0,232	0,293
-18,0	-0,197	0,13867		0,007	1,000	0,001	1,000	0,044	-1,421	0,236	0,285
-17,0	-0,227	0,12519		0,007	1,000	0,001	1,000	0,044	-1,812	0,242	0,279
-16,0	-0,262	0,11264		0,006	1,000	0,001	1,000	0,051	-2,327	0,242	0,275
-15,0	-0,302	0,10260		0,006	1,000	0,001	1,000	0,048	-2,947	0,242	0,270
-14,0	-0,349	0,09220		0,006	1,000	0,001	1,000	0,051	-3,781	0,241	0,266
-13,0	-0,399	0,08428		0,005	1,000	0,001	1,000	0,044	-4,734	0,241	0,263
-12,0	-0,453	0,07558		0,005	0,979	0,001	1,000	0,043	-5,987	0,241	0,261
-11,0	-0,504	0,06911		0,004	0,963	0,001	1,000	0,037	-7,293	0,239	0,258
-10,0	-0,547	0,06270		0,004	0,943	0,001	1,000	0,028	-8,731	0,245	0,257
-9,0	-0,581	0,05206		0,004	0,913	0,002	1,000	0,063	-11,168	0,264	0,257
-8,0	-0,723	0,00925		0,006	0,872	0,002	1,000	0,999	-78,156	0,262	0,258
-7,0	-0,698	0,00861		0,005	0,808	0,004	1,000	1,000	-81,017	0,267	0,258
-6,0	-0,636	0,00822		0,005	0,730	0,004	1,000	1,000	-77,388	0,260	0,257
-5,0	-0,547	0,00789		0,004	0,647	0,005	1,000	1,000	-69,297	0,258	0,257
-4,0	-0,447	0,00766		0,003	0,564	0,006	1,000	1,000	-58,395	0,257	0,257
-3,0	-0,340	0,00748		0,002	0,486	0,009	1,000	1,000	-45,451	0,257	0,257
-2,0	-0,228	0,00698		0,002	0,412	0,094	1,000	1,000	-32,697	0,257	0,257
-1,0	-0,114	0,00669		0,001	0,342	0,192	1,000	1,000	-17,114	0,257	0,257
0,0	-0,000	0,00665		-0,000	0,269	0,269	1,000	1,000	-0,000	0,257	0,250
1,0	0,114	0,00669		-0,001	0,192	0,342	1,000	1,000	17,115	0,257	0,257
2,0	0,228	0,00698		-0,002	0,094	0,412	1,000	1,000	32,698	0,257	0,257
3,0	0,340	0,00748		-0,002	0,009	0,486	1,000	1,000	45,451	0,257	0,257
4,0	0,447	0,00766		-0,003	0,006	0,564	1,000	1,000	58,399	0,257	0,257
5,0	0,547	0,00789		-0,004	0,005	0,647	1,000	1,000	69,299	0,258	0,257
6,0	0,636	0,00822		-0,005	0,004	0,730	1,000	1,000	77,393	0,260	0,257
7,0	0,698	0,00861		-0,005	0,004	0,808	1,000	1,000	81,025	0,267	0,258
8,0	0,723	0,00925		-0,006	0,002	0,872	1,000	1,000	78,168	0,262	0,258
9,0	0,581	0,05206		-0,004	0,002	0,913	0,063	1,000	11,168	0,264	0,257
10,0	0,547	0,06270		-0,004	0,001	0,943	0,028	1,000	8,731	0,245	0,257
11,0	0,504	0,06911		-0,004	0,001	0,963	0,037	1,000	7,293	0,239	0,258
12,0	0,453	0,07558		-0,005	0,001	0,979	0,043	0,999	5,987	0,241	0,261
13,0	0,399	0,08428		-0,005	0,001	0,998	0,044	0,999	4,734	0,241	0,263
14,0	0,349	0,09220		-0,006	0,001	0,998	0,051	0,998	3,781	0,241	0,266
15,0	0,302	0,10260		-0,006	0,001	0,998	0,048	0,999	2,947	0,242	0,270
16,0	0,262	0,11264		-0,006	0,001	0,998	0,051	0,998	2,327	0,242	0,275
17,0	0,227	0,12519		-0,007	0,001	0,998	0,044	0,999	1,812	0,242	0,279
18,0	0,197	0,13867		-0,007	0,001	0,998	0,044	0,999	1,421	0,236	0,285
19,0	0,172	0,14890		-0,007	0,001	0,998	0,048	0,999	1,155	0,237	0,293
20,0	0,150	0,16457		-0,008	0,001	0,998	0,043	0,998	0,914	0,243	0,300

NACA 03 30 06 Re: 10E6, Wasser

1,00005380	0,00062770
0,99733086	0,00105317
0,98919078	0,00231568
0,97571961	0,00437425
0,95706002	0,00716307
0,93341017	0,01059482
0,90502207	0,01456488
0,87219934	0,01895586
0,83529434	0,02364207
0,79470471	0,02849356
0,75086938	0,03337964
0,70426396	0,03817159
0,65539576	0,04274499
0,60479841	0,04698155
0,55302619	0,05077101
0,50064805	0,05401321
0,44824151	0,05662053
0,39638622	0,05852075
0,34565743	0,05966019
0,29656430	0,06000362
0,24901034	0,05885639
0,20430459	0,05586209
0,16298190	0,05130538
0,12552999	0,04552036
0,09238115	0,03887217
0,06390614	0,03173640
0,04041047	0,02447762
0,02213276	0,01742835
0,00924488	0,01086977
0,00185315	0,00501561
0,00000000	0,00000000
0,00362495	-0,00392499
0,01260752	-0,00657888
0,02681072	-0,00803889
0,04604407	-0,00843245
0,07006846	-0,00793301
0,09860186	-0,00675465
0,13132519	-0,00514509
0,16788749	-0,00337726
0,20791016	-0,00173931
0,25098966	-0,00052305
0,29669906	-0,00001118
0,34532558	0,00008640
0,39570209	0,00034972
0,44723003	0,00070691
0,49935195	0,00108883

0,55150228	0,00143667
0,60311328	0,00170550
0,65362124	0,00186608
0,70247269	0,00190522
0,74913062	0,00182444
0,79308054	0,00163747
0,83383627	0,00136690
0,87094548	0,00104066
0,90399492	0,00068852
0,93261524	0,00033925
0,95648544	0,00001851
0,97533690	-0,00025243
0,98895682	-0,00045723
0,99719103	-0,00058454
0,99994620	-0,00062770

x/l	y/l	v/V	δ_1	δ_2	δ_3	Reδ_2	C_f	H_12	H_32	Zust.	y1
[-]	[-]	[-]	[-]	[-]	[-]	[-]	[-]	[-]	[-]	[-]	[%]
1,0001	0,0006	0,2534	0,011376	0,001886	0,005955	477,8	0,0000	6,0333	3,1584	turb.	0,0000
0,9973	0,0011	0,9820	0,002898	0,001967	0,003357	1884,1	0,0030	1,4730	1,7066	turb.	0,0026
0,9892	0,0023	0,9585	0,002602	0,001804	0,003101	1765,6	0,0032	1,4422	1,7188	turb.	0,0025
0,9757	0,0044	0,9787	0,002357	0,001659	0,002866	1655,7	0,0033	1,4207	1,7278	turb.	0,0024
0,9571	0,0072	0,9985	0,002132	0,001517	0,002631	1542,4	0,0035	1,4053	1,7343	turb.	0,0024
0,9334	0,0106	1,0166	0,001938	0,001388	0,002413	1434,2	0,0036	1,3958	1,7385	turb.	0,0024
0,9050	0,0146	1,0333	0,001753	0,001261	0,002194	1321,9	0,0037	1,3904	1,7409	turb.	0,0023
0,8722	0,0190	1,0488	0,001574	0,001133	0,001973	1204,8	0,0038	1,3889	1,7415	turb.	0,0023
0,8353	0,0236	1,0633	0,001406	0,001010	0,001757	1087,2	0,0039	1,3922	1,7401	turb.	0,0023
0,7947	0,0285	1,0770	0,001243	0,000885	0,001536	964,7	0,0039	1,4039	1,7350	turb.	0,0023
0,7509	0,0334	1,0899	0,001093	0,000761	0,001310	839,1	0,0038	1,4361	1,7216	turb.	0,0023
0,7043	0,0382	1,1023	0,000992	0,000647	0,001091	721,2	0,0033	1,5327	1,6853	turb.	0,0024
0,6554	0,0427	1,1143	0,001079	0,000556	0,000877	625,9	0,0018	1,9411	1,5772	turb.	0,0033
0,6048	0,0470	1,1259	0,001594	0,000513	0,000787	583,8	0,0003	3,1066	1,5339	lam.	0,0076
0,5530	0,0508	1,1374	0,001455	0,000478	0,000735	549,2	0,0004	3,0435	1,5371	lam.	0,0070
0,5006	0,0540	1,1489	0,001340	0,000443	0,000682	514,5	0,0005	3,0225	1,5383	lam.	0,0066
0,4482	0,0566	1,1606	0,001245	0,000408	0,000627	478,6	0,0005	3,0509	1,5367	lam.	0,0065
0,3964	0,0585	1,1731	0,001187	0,000373	0,000570	442,3	0,0004	3,1856	1,5303	lam.	0,0070
0,3457	0,0597	1,1873	0,000903	0,000321	0,000498	389,2	0,0008	2,8133	1,5524	lam.	0,0049
0,2966	0,0600	1,2133	0,000709	0,000275	0,000433	338,8	0,0013	2,5790	1,5740	lam.	0,0039
0,2490	0,0589	1,2318	0,000609	0,000242	0,000383	298,3	0,0016	2,5147	1,5816	lam.	0,0035
0,2043	0,0559	1,2318	0,000530	0,000214	0,000339	261,2	0,0020	2,4782	1,5861	lam.	0,0032
0,1630	0,0513	1,2223	0,000459	0,000187	0,000297	225,0	0,0024	2,4561	1,5889	lam.	0,0029
0,1255	0,0455	1,2044	0,000391	0,000160	0,000255	188,7	0,0029	2,4415	1,5908	lam.	0,0026
0,0924	0,0389	1,1786	0,000326	0,000134	0,000214	153,7	0,0036	2,4270	1,5927	lam.	0,0024
0,0639	0,0317	1,1443	0,000258	0,000107	0,000171	118,1	0,0048	2,4063	1,5955	lam.	0,0020
0,0404	0,0245	1,0987	0,000188	0,000079	0,000127	82,5	0,0073	2,3633	1,6014	lam.	0,0017
0,0221	0,0174	1,0335	0,000115	0,000051	0,000083	47,9	0,0148	2,2480	1,6182	lam.	0,0012
0,0092	0,0109	0,9215	0,000098	0,000043	0,000069	27,1	0,0246	2,2870	1,6122	lam.	0,0009
0,0019	0,0050	0,6299	0,000023	0,000011	0,000017	4,8	0,0001	2,2364	1,6200	lam.	0,0141
0,0000	0,0000	0,4312	0,000001	0,000000	0,000001	0,0	0,0000	2,2364	1,6200	lam.	0,0000
0,0036	-0,0039	1,1497	0,000022	0,000010	0,000016	5,1	0,0001	2,2364	1,6200	lam.	0,0141
0,0126	-0,0066	1,1512	0,000064	0,000029	0,000046	28,1	0,0251	2,2446	1,6187	lam.	0,0009
0,0268	-0,0080	1,1094	0,000174	0,000067	0,000106	77,3	0,0058	2,5855	1,5732	lam.	0,0019
0,0460	-0,0084	1,0701	0,000308	0,000109	0,000169	120,8	0,0026	2,8240	1,5513	lam.	0,0027
0,0701	-0,0079	1,0365	0,000455	0,000154	0,000237	164,5	0,0016	2,9544	1,5421	lam.	0,0035
0,0986	-0,0068	1,0083	0,000605	0,000199	0,000305	205,8	0,0011	3,0433	1,5370	lam.	0,0043
0,1313	-0,0051	0,9849	0,000759	0,000244	0,000374	246,0	0,0008	3,1103	1,5336	lam.	0,0049
0,1679	-0,0034	0,9662	0,000908	0,000289	0,000443	284,4	0,0007	3,1429	1,5321	lam.	0,0054
0,2079	-0,0017	0,9526	0,001034	0,000332	0,000509	320,5	0,0006	3,1173	1,5334	lam.	0,0057
0,2510	-0,0005	0,9450	0,001116	0,000370	0,000569	352,3	0,0007	3,0187	1,5385	lam.	0,0055
0,2967	-0,0000	0,9507	0,001149	0,000401	0,000622	379,3	0,0008	2,8618	1,5487	lam.	0,0050
0,3453	0,0001	0,9619	0,001064	0,000413	0,000651	392,9	0,0011	2,5747	1,5746	lam.	0,0042
0,3957	0,0003	0,9627	0,001031	0,000422	0,000671	405,9	0,0013	2,4441	1,5905	lam.	0,0039
0,4472	0,0007	0,9617	0,001137	0,000451	0,000713	434,2	0,0011	2,5220	1,5807	lam.	0,0042
0,4994	0,0011	0,9599	0,001236	0,000480	0,000756	461,6	0,0010	2,5759	1,5743	lam.	0,0045
0,5515	0,0014	0,9578	0,001330	0,000508	0,000798	487,9	0,0009	2,6163	1,5701	lam.	0,0048
0,6031	0,0017	0,9558	0,001414	0,000535	0,000839	512,7	0,0008	2,6424	1,5676	lam.	0,0050
0,6536	0,0019	0,9540	0,001490	0,000561	0,000878	535,9	0,0008	2,6569	1,5662	lam.	0,0052

0,7025	0,0019	0,9525	0,001556	0,000584	0,000915	557,3	0,0007	2,6634	1,5656	lam.	0,0053
0,7491	0,0018	0,9512	0,001614	0,000606	0,000948	577,0	0,0007	2,6648	1,5654	lam.	0,0054
0,7931	0,0016	0,9501	0,001666	0,000626	0,000979	595,0	0,0007	2,6639	1,5655	lam.	0,0055
0,8338	0,0014	0,9489	0,001714	0,000643	0,001007	611,3	0,0007	2,6636	1,5655	lam.	0,0055
0,8709	0,0010	0,9476	0,001761	0,000660	0,001034	626,7	0,0006	2,6671	1,5652	lam.	0,0056
0,9040	0,0007	0,9457	0,001812	0,000676	0,001058	641,0	0,0006	2,6785	1,5641	lam.	0,0057
0,9326	0,0003	0,9431	0,001871	0,000692	0,001081	654,7	0,0006	2,7032	1,5618	lam.	0,0059
0,9565	0,0000	0,9393	0,001954	0,000710	0,001105	669,3	0,0005	2,7531	1,5574	lam.	0,0062
0,9753	-0,0003	0,9339	0,002074	0,000729	0,001130	684,8	0,0005	2,8451	1,5499	lam.	0,0067
0,9890	-0,0005	0,9279	0,001611	0,000755	0,001164	705,0	0,0013	2,1337	1,5418	turb.	0,0039
0,9972	-0,0006	0,9614	0,001553	0,000785	0,001232	728,5	0,0016	1,9779	1,5695	turb.	0,0035
0,9999	-0,0006	0,2534	0,003131	0,000770	0,001585	195,1	0,0000	4,0653	2,0587	turb.	0,0000

α	Ca	Cw	Cm 0.25		T.U.	T.L.	S.U.	S.L.	GZ	N.P.	D.P.	
[°]	[-]	[-]	[-]	[-]	[-]	[-]	[-]	[-]	[-]	[-]		
-19,0	-0,119	0,14808		-0,027	0,942	0,002	1,000	0,040	-0,804	0,238	0,024	
-18,0	-0,134	0,13661		-0,027	0,937	0,002	1,000	0,040	-0,982	0,236	0,048	
-17,0	-0,152	0,12423		-0,027	0,929	0,002	1,000	0,042	-1,221	0,243	0,069	
-16,0	-0,172	0,11300		-0,027	0,917	0,002	1,000	0,040	-1,518	0,253	0,090	
-15,0	-0,194	0,10429		-0,027	0,906	0,001	1,000	0,038	-1,860	0,242	0,110	
-14,0	-0,219	0,09321		-0,028	0,886	0,002	1,000	0,040	-2,351	0,242	0,123	
-13,0	-0,246	0,08482		-0,028	0,866	0,002	1,000	0,038	-2,900	0,248	0,138	
-12,0	-0,273	0,07612		-0,028	0,840	0,002	1,000	0,038	-3,592	0,247	0,148	
-11,0	-0,299	0,06877		-0,028	0,806	0,002	1,000	0,036	-4,347	0,282	0,157	
-10,0	-0,318	0,06257		-0,026	0,767	0,002	1,000	0,027	-5,086	0,300	0,167	
-9,0	-0,327	0,05685		-0,026	0,722	0,002	1,000	0,025	-5,755	0,207	0,169	
-8,0	-0,320	0,05051		-0,027	0,672	0,002	1,000	0,025	-6,334	0,280	0,167	
-7,0	-0,292	0,04502		-0,027	0,619	0,002	1,000	0,027	-6,495	1,904	0,156	
-6,0	-0,302	0,00763		-0,057	0,560	0,004	1,000	1,000	-39,512	0,649	0,061	
-5,0	-0,217	0,00749		-0,058	0,492	0,005	1,000	1,000	-28,918	0,257	-0,016	
-4,0	-0,114	0,00769		-0,058	0,338	0,006	1,000	1,000	-14,807	0,257	-0,262	
-3,0	-0,004	0,00757		-0,059	0,316	0,006	1,000	1,000	-0,525	0,257	-14,629	
-2,0	0,110	0,00746		-0,060	0,302	0,009	1,000	1,000	14,685	0,257	0,797	
-1,0	0,225	0,00729		-0,061	0,282	0,026	1,000	1,000	30,798	0,257	0,520	
0,0	0,340	0,00718		-0,062	0,266	0,085	1,000	1,000	47,337	0,257	0,431	
1,0	0,454	0,00705		-0,062	0,255	0,191	1,000	1,000	64,420	0,258	0,387	
2,0	0,568	0,00655		-0,063	0,229	0,574	1,000	1,000	86,756	0,258	0,361	
3,0	0,681	0,00654		-0,064	0,200	0,750	1,000	1,000	104,142		0,258	0,344
4,0	0,789	0,00779		-0,065	0,009	0,998	1,000	0,998	101,319		0,259	0,333
5,0	0,890	0,00838		-0,066	0,005	0,998	1,000	0,999	106,202		0,260	0,324
6,0	0,979	0,00902		-0,067	0,004	0,998	1,000	0,998	108,558		0,262	0,319
7,0	1,053	0,00977		-0,068	0,003	0,998	1,000	0,998	107,800		0,267	0,315
8,0	1,096	0,01060		-0,069	0,003	0,998	1,000	0,998	103,366		0,314	0,313
9,0	1,085	0,01160		-0,070	0,002	0,998	1,000	0,998	93,579	0,216	0,315	
10,0	1,034	0,01306		-0,071	0,001	0,998	1,000	0,999	79,175	0,334	0,319	
11,0	0,778	0,06374		-0,044	0,001	0,998	0,087	0,999	12,213	0,295	0,307	
12,0	0,732	0,05036		-0,057	0,001	0,998	0,295	0,999	14,539	0,123	0,328	
13,0	0,651	0,04972		-0,061	0,001	0,998	0,357	0,999	13,090	0,240	0,343	
14,0	0,555	0,06180		-0,059	0,001	0,998	0,295	0,999	8,972	0,281	0,357	
15,0	0,463	0,08282		-0,055	0,001	0,998	0,187	0,999	5,596	0,305	0,368	
16,0	0,389	0,10361		-0,050	0,001	0,998	0,110	0,999	3,752	0,295	0,379	
17,0	0,331	0,11750		-0,049	0,001	0,998	0,090	0,999	2,813	0,274	0,398	
18,0	0,282	0,13307		-0,047	0,001	0,998	0,073	0,999	2,118	0,241	0,418	
19,0	0,243	0,14189		-0,050	0,001	0,998	0,085	0,999	1,712	0,252	0,454	
20,0	0,209	0,16198		-0,047	0,001	0,998	0,062	0,999	1,288	0,317	0,477	

NACA 04 30 06 Re: 10E6, Wasser

1,00007153   0,00062593
0,99735390   0,00112898
0,98922935   0,00262162
0,97578273   0,00505513
0,95715482   0,00835110
0,93354143   0,01240530
0,90519182   0,01709246
0,87240674   0,02227169
0,83553574   0,02779180
0,79497387   0,03349641
0,75115781   0,03922844
0,70456137   0,04483393
0,65569065   0,05016523
0,60507866   0,05508389
0,55327980   0,05946315
0,50086387   0,06319072
0,44841000   0,06617155
0,39650021   0,06833093
0,34571273   0,06961760
0,29654183   0,07000230
0,24868103   0,06856580
0,20370730   0,06483894
0,16217441   0,05920890
0,12458338   0,05212330
0,09137348   0,04406489
0,06291622   0,03552434
0,03951244   0,02697261
0,02139195   0,01883464
0,00871503   0,01146591
0,00157484   0,00513310
0,00000000   0,00000000
0,00390326   -0,00367894
0,01313737   -0,00574472
0,02755154   -0,00631537
0,04694211   -0,00557904
0,07105838   -0,00378649
0,09960952   -0,00124153
0,13227179   0,00171040
0,16869498   0,00469526
0,20850744   0,00732477
0,25131897   0,00921197
0,29672152   0,00998762
0,34527027   0,01004453
0,39558810   0,01016303
0,44706153   0,01026505
0,49913613   0,01027867

0,55124867	0,01014709
0,60283303	0,00983217
0,65332635	0,00931619
0,70217527	0,00860183
0,74884219	0,00771033
0,79281138	0,00667829
0,83359487	0,00555350
0,87073809	0,00439035
0,90382518	0,00324541
0,93248398	0,00217347
0,95639063	0,00122434
0,97527379	0,00044063
0,98891825	-0,00014370
0,99716799	-0,00050414
0,99992847	-0,00062593

x/l	y/l	v/V	δ_1	δ_2	δ_3	Reδ_2	C_f	H_12	H_32	Zust.	y1
[-]	[-]	[-]	[-]	[-]	[-]	[-]	[-]	[-]	[-]	[-]	[%]
1,0001	0,0006	0,2507	0,012117	0,002161	0,006467	541,8	0,0000	5,6076	2,9930	turb.	0,0000
0,9974	0,0011	0,9814	0,003388	0,002256	0,003825	2167,8	0,0027	1,5020	1,6957	turb.	0,0027
0,9892	0,0026	0,9608	0,003025	0,002066	0,003532	2031,3	0,0029	1,4646	1,7100	turb.	0,0026
0,9758	0,0051	0,9840	0,002703	0,001883	0,003241	1894,2	0,0032	1,4357	1,7216	turb.	0,0025
0,9572	0,0084	1,0065	0,002426	0,001714	0,002965	1760,9	0,0033	1,4152	1,7301	turb.	0,0025
0,9335	0,0124	1,0273	0,002188	0,001561	0,002710	1634,2	0,0035	1,4015	1,7360	turb.	0,0024
0,9052	0,0171	1,0466	0,001972	0,001416	0,002465	1508,0	0,0036	1,3925	1,7399	turb.	0,0024
0,8724	0,0223	1,0646	0,001771	0,001276	0,002224	1380,6	0,0037	1,3871	1,7423	turb.	0,0023
0,8355	0,0278	1,0815	0,001581	0,001141	0,001989	1252,4	0,0038	1,3853	1,7431	turb.	0,0023
0,7950	0,0335	1,0975	0,001394	0,001005	0,001750	1117,9	0,0039	1,3876	1,7421	turb.	0,0023
0,7512	0,0392	1,1127	0,001217	0,000871	0,001515	982,4	0,0039	1,3970	1,7380	turb.	0,0023
0,7046	0,0448	1,1272	0,001057	0,000743	0,001282	847,4	0,0039	1,4230	1,7270	turb.	0,0023
0,6557	0,0502	1,1411	0,000934	0,000619	0,001048	714,3	0,0035	1,5095	1,6935	turb.	0,0024
0,6051	0,0551	1,1547	0,000989	0,000522	0,000828	609,4	0,0019	1,8957	1,5867	turb.	0,0032
0,5533	0,0595	1,1679	0,001515	0,000477	0,000730	563,2	0,0003	3,1787	1,5306	lam.	0,0079
0,5009	0,0632	1,1812	0,001393	0,000441	0,000675	526,7	0,0004	3,1606	1,5314	lam.	0,0075
0,4484	0,0662	1,1947	0,001312	0,000405	0,000620	490,2	0,0003	3,2352	1,5284	lam.	0,0078
0,3965	0,0683	1,2093	0,001339	0,000369	0,000560	452,7	0,0002	3,6260	1,5180	lam.	0,0115
0,3457	0,0696	1,2261	0,000888	0,000311	0,000481	391,4	0,0008	2,8564	1,5490	lam.	0,0051
0,2965	0,0700	1,2593	0,000670	0,000262	0,000413	335,9	0,0014	2,5591	1,5763	lam.	0,0038
0,2487	0,0686	1,2823	0,000573	0,000230	0,000365	294,9	0,0017	2,4867	1,5850	lam.	0,0034
0,2037	0,0648	1,2800	0,000497	0,000203	0,000323	256,8	0,0021	2,4478	1,5900	lam.	0,0031
0,1622	0,0592	1,2647	0,000431	0,000178	0,000283	220,3	0,0025	2,4254	1,5929	lam.	0,0028
0,1246	0,0521	1,2385	0,000370	0,000153	0,000245	184,7	0,0031	2,4109	1,5948	lam.	0,0026
0,0914	0,0441	1,2023	0,000309	0,000129	0,000206	149,3	0,0039	2,3982	1,5965	lam.	0,0023
0,0629	0,0355	1,1556	0,000246	0,000103	0,000165	113,0	0,0052	2,3813	1,5988	lam.	0,0020
0,0395	0,0270	1,0956	0,000178	0,000076	0,000122	77,1	0,0081	2,3449	1,6040	lam.	0,0016
0,0214	0,0188	1,0128	0,000105	0,000046	0,000075	40,7	0,0168	2,2647	1,6155	lam.	0,0011
0,0087	0,0115	0,8770	0,000020	0,000009	0,000015	5,2	0,0001	2,2364	1,6200	lam.	0,0141
0,0016	0,0051	0,5439	0,000001	0,000000	0,000001	0,0	0,0000	2,2364	1,6200	lam.	0,0000
0,0000	0,0000	0,5691	0,000021	0,000010	0,000016	5,2	0,0001	2,2364	1,6200	lam.	0,0141
0,0039	-0,0037	1,2246	0,000147	0,000059	0,000093	33,5	0,0148	2,5060	1,5827	lam.	0,0012
0,0131	-0,0057	1,1764	0,000067	0,000030	0,000050	33,7	0,0220	2,2076	1,6246	lam.	0,0010
0,0276	-0,0063	1,1111	0,000201	0,000073	0,000113	85,5	0,0041	2,7660	1,5562	lam.	0,0022
0,0469	-0,0056	1,0569	0,000372	0,000119	0,000182	131,8	0,0015	3,1335	1,5320	lam.	0,0037
0,0711	-0,0038	1,0128	0,000597	0,000169	0,000257	178,4	0,0005	3,5292	1,5194	lam.	0,0064
0,0996	-0,0012	0,9768	0,000461	0,000221	0,000343	223,6	0,0018	2,0855	1,5517	turb.	0,0033
0,1323	0,0017	0,9476	0,000465	0,000303	0,000510	295,6	0,0041	1,5354	1,6845	turb.	0,0022
0,1687	0,0047	0,9247	0,000598	0,000412	0,000706	389,8	0,0044	1,4533	1,7147	turb.	0,0021
0,2085	0,0073	0,9087	0,000759	0,000532	0,000917	491,5	0,0044	1,4278	1,7249	turb.	0,0021
0,2513	0,0092	0,9006	0,000921	0,000652	0,001129	592,7	0,0043	1,4116	1,7317	turb.	0,0022
0,2967	0,0100	0,9096	0,001071	0,000768	0,001335	691,4	0,0043	1,3947	1,7390	turb.	0,0022
0,3453	0,0100	0,9260	0,001147	0,000839	0,001469	763,2	0,0044	1,3669	1,7515	turb.	0,0021
0,3956	0,0102	0,9291	0,001206	0,000896	0,001578	829,6	0,0045	1,3464	1,7610	turb.	0,0021
0,4471	0,0103	0,9298	0,001345	0,000998	0,001757	927,4	0,0044	1,3480	1,7602	turb.	0,0021
0,4991	0,0103	0,9294	0,001493	0,001107	0,001947	1028,9	0,0043	1,3489	1,7598	turb.	0,0022
0,5512	0,0101	0,9287	0,001641	0,001217	0,002141	1130,9	0,0042	1,3487	1,7599	turb.	0,0022
0,6028	0,0098	0,9281	0,001791	0,001329	0,002339	1234,3	0,0041	1,3475	1,7605	turb.	0,0022
0,6533	0,0093	0,9278	0,001932	0,001436	0,002529	1332,7	0,0040	1,3457	1,7613	turb.	0,0022

0,7022	0,0086	0,9278	0,002069	0,001540	0,002715	1429,1	0,0040	1,3434	1,7624	turb.	0,0022
0,7488	0,0077	0,9281	0,002196	0,001637	0,002888	1519,2	0,0040	1,3410	1,7636	turb.	0,0022
0,7928	0,0067	0,9287	0,002312	0,001727	0,003048	1603,3	0,0039	1,3385	1,7648	turb.	0,0023
0,8336	0,0056	0,9294	0,002417	0,001809	0,003194	1679,9	0,0039	1,3361	1,7660	turb.	0,0023
0,8707	0,0044	0,9299	0,002514	0,001885	0,003331	1751,8	0,0039	1,3339	1,7670	turb.	0,0023
0,9038	0,0032	0,9301	0,002602	0,001953	0,003453	1816,3	0,0039	1,3321	1,7679	turb.	0,0023
0,9325	0,0022	0,9295	0,002681	0,002014	0,003562	1873,8	0,0038	1,3311	1,7684	turb.	0,0023
0,9564	0,0012	0,9278	0,002761	0,002075	0,003669	1928,6	0,0038	1,3310	1,7684	turb.	0,0023
0,9753	0,0004	0,9244	0,002842	0,002133	0,003771	1979,3	0,0038	1,3323	1,7678	turb.	0,0023
0,9889	-0,0001	0,9202	0,002932	0,002195	0,003877	2029,2	0,0037	1,3357	1,7661	turb.	0,0023
0,9972	-0,0005	0,9541	0,003022	0,002255	0,003977	2074,6	0,0037	1,3403	1,7639	turb.	0,0023
0,9999	-0,0006	0,2507	0,017394	0,002225	0,008941	557,9	0,0000	7,8176	4,0185	turb.	0,0000

α	Ca	Cw	Cm 0.25		T.U.	T.L.	S.U.	S.L.	GZ	N.P.	D.P.	
[°]	[-]	[-]	[-]	[-]	[-]	[-]	[-]	[-]	[-]	[-]		
-19,0	-0,105	0,15035		-0,038	0,920	0,002	1,000	0,038	-0,698	0,255	-0,108	
-18,0	-0,117	0,13645		-0,037	0,912	0,002	1,000	0,038	-0,860	0,249	-0,069	
-17,0	-0,132	0,12530		-0,038	0,902	0,002	1,000	0,038	-1,051	0,237	-0,035	
-16,0	-0,148	0,11371		-0,038	0,886	0,002	1,000	0,039	-1,300	0,240	-0,006	
-15,0	-0,166	0,10341		-0,038	0,873	0,002	1,000	0,038	-1,604	0,248	0,021	
-14,0	-0,185	0,09359		-0,038	0,849	0,002	1,000	0,038	-1,982	0,262	0,045	
-13,0	-0,206	0,08534		-0,037	0,825	0,002	1,000	0,034	-2,413	0,270	0,068	
-12,0	-0,226	0,07732		-0,037	0,797	0,002	1,000	0,032	-2,927	0,263	0,086	
-11,0	-0,244	0,06928		-0,037	0,761	0,002	1,000	0,030	-3,525	0,257	0,099	
-10,0	-0,256	0,06252		-0,037	0,721	0,002	1,000	0,029	-4,101	0,347	0,106	
-9,0	-0,258	0,05694		-0,036	0,677	0,001	1,000	0,024	-4,530	0,106	0,112	
-8,0	-0,245	0,05120		-0,035	0,628	0,002	1,000	0,021	-4,776	0,258	0,106	
-7,0	-0,212	0,04581		-0,036	0,575	0,001	1,000	0,023	-4,631	0,349	0,080	
-6,0	-0,161	0,03837		-0,043	0,516	0,003	1,000	0,057	-4,187	0,659	-0,021	
-5,0	-0,110	0,00783		-0,078	0,338	0,004	1,000	1,000	-14,044	0,476	-0,458	
-4,0	-0,006	0,00771		-0,079	0,319	0,005	1,000	1,000	-0,750	0,257	-13,330	
-3,0	0,106	0,00757		-0,079	0,305	0,006	1,000	1,000	13,982	0,257	0,999	
-2,0	0,221	0,00745		-0,080	0,294	0,008	1,000	1,000	29,626	0,257	0,613	
-1,0	0,337	0,00743		-0,081	0,276	0,012	1,000	1,000	45,336	0,258	0,491	
0,0	0,452	0,00738		-0,082	0,265	0,045	1,000	1,000	61,318	0,258	0,431	
1,0	0,567	0,00733		-0,083	0,256	0,104	1,000	1,000	77,290	0,258	0,396	
2,0	0,681	0,00595		-0,084	0,246	0,933	1,000	1,000	114,477		0,259	0,373
3,0	0,795	0,00627		-0,085	0,218	0,998	1,000	0,998	126,845		0,259	0,357
4,0	0,904	0,00672		-0,086	0,190	0,998	1,000	0,998	134,361		0,260	0,345
5,0	1,005	0,00890		-0,087	0,007	0,998	1,000	0,998	112,932		0,261	0,336
6,0	1,096	0,00960		-0,088	0,004	0,998	1,000	0,999	114,173		0,263	0,330
7,0	1,171	0,01037		-0,089	0,003	0,998	1,000	0,999	112,863		0,268	0,326
8,0	1,224	0,01131		-0,090	0,003	0,998	1,000	0,999	108,195		0,302	0,324
9,0	1,216	0,01237		-0,091	0,002	0,998	1,000	0,999	98,283	0,211	0,325	
10,0	1,163	0,01389		-0,093	0,001	0,998	1,000	0,999	83,736	0,233	0,330	
11,0	1,075	0,01568		-0,094	0,001	0,998	1,000	0,999	68,517	0,245	0,337	
12,0	0,949	0,01786		-0,094	0,001	0,998	0,924	0,999	53,139	0,258	0,349	
13,0	0,807	0,02337		-0,092	0,001	0,998	0,777	0,999	34,541	0,264	0,364	
14,0	0,679	0,03123		-0,090	0,001	0,998	0,659	0,999	21,755	0,271	0,382	
15,0	0,563	0,04546		-0,087	0,001	0,998	0,512	0,999	12,381	0,290	0,404	
16,0	0,461	0,06949		-0,081	0,001	0,998	0,345	0,999	6,640	0,298	0,426	
17,0	0,386	0,08818		-0,078	0,001	0,998	0,268	0,999	4,375	0,339	0,452	
18,0	0,318	0,12256		-0,068	0,001	0,999	0,128	0,999	2,596	0,357	0,465	
19,0	0,270	0,14040		-0,066	0,001	0,998	0,100	0,999	1,926	0,293	0,493	
20,0	0,232	0,15652		-0,065	0,001	0,998	0,085	0,999	1,480	0,281	0,529	

NACA 05 30 06 Re: 10E6, Wasser

1,00008910	0,00062367
0,99737673	0,00120416
0,98926756	0,00292653
0,97584527	0,00573434
0,95724883	0,00953670
0,93367165	0,01421250
0,90536034	0,01961598
0,87261280	0,02558281
0,83577578	0,03193639
0,79524174	0,03849395
0,75144508	0,04507205
0,70485783	0,05149143
0,65598480	0,05758126
0,60535840	0,06318278
0,55353308	0,06815270
0,50107951	0,07236647
0,44857843	0,07572155
0,39661419	0,07814067
0,34576804	0,07957490
0,29651937	0,08000096
0,24835220	0,07827158
0,20311311	0,07380362
0,16137541	0,06708943
0,12365276	0,05869290
0,09038967	0,04921671
0,06195632	0,03926805
0,03864707	0,02942478
0,02068184	0,02020407
0,00820916	0,01203496
0,00130979	0,00523616
0,00000000	0,00000000
0,00416832	-0,00341846
0,01364324	-0,00488348
0,02826164	-0,00455498
0,04780747	-0,00268281
0,07201827	0,00040426
0,10059333	0,00431248
0,13320242	0,00859922
0,16949398	0,01279077
0,20910164	0,01640102
0,25164780	0,01895064
0,29674398	0,01998643
0,34521497	0,02000275
0,39547412	0,01997679
0,44689311	0,01982419
0,49892049	0,01947026

0,55099538	0,01886011
0,60255329	0,01796229
0,65303220	0,01677052
0,70187882	0,01530326
0,74855492	0,01360142
0,79254352	0,01172443
0,83335483	0,00974523
0,87053203	0,00774473
0,90365666	0,00580636
0,93235375	0,00401095
0,95629663	0,00243261
0,97521124	0,00113536
0,98888004	0,00017088
0,99714517	-0,00042311
0,99991090	-0,00062367

x/l	y/l	v/V	δ_1	δ_2	δ_3	Reδ_2	C_f	H_12	H_32	Zust.	y1
[-]	[-]	[-]	[-]	[-]	[-]	[-]	[-]	[-]	[-]	[-]	[%]
1,0001	0,0006	0,2474	0,016436	0,003041	0,008432	752,3	0,0000	5,4051	2,7730	turb.	0,0000
0,9974	0,0012	0,9798	0,004995	0,003193	0,005344	3073,4	0,0023	1,5643	1,6737	turb.	0,0030
0,9893	0,0029	0,9624	0,004354	0,002889	0,004893	2855,9	0,0025	1,5073	1,6938	turb.	0,0028
0,9758	0,0057	0,9886	0,003856	0,002628	0,004492	2663,7	0,0028	1,4670	1,7090	turb.	0,0027
0,9572	0,0095	1,0139	0,003435	0,002390	0,004113	2479,7	0,0030	1,4370	1,7210	turb.	0,0026
0,9337	0,0142	1,0374	0,003091	0,002182	0,003775	2312,2	0,0031	1,4161	1,7297	turb.	0,0025
0,9054	0,0196	1,0594	0,002796	0,001996	0,003464	2154,7	0,0033	1,4013	1,7361	turb.	0,0025
0,8726	0,0256	1,0799	0,002524	0,001816	0,003161	1996,1	0,0034	1,3902	1,7409	turb.	0,0024
0,8358	0,0319	1,0994	0,002281	0,001650	0,002878	1844,0	0,0035	1,3825	1,7443	turb.	0,0024
0,7952	0,0385	1,1177	0,002048	0,001487	0,002597	1688,2	0,0036	1,3773	1,7467	turb.	0,0024
0,7514	0,0451	1,1352	0,001832	0,001333	0,002331	1535,9	0,0037	1,3742	1,7481	turb.	0,0023
0,7049	0,0515	1,1519	0,001623	0,001182	0,002068	1380,9	0,0038	1,3730	1,7486	turb.	0,0023
0,6560	0,0576	1,1679	0,001419	0,001033	0,001807	1222,9	0,0039	1,3737	1,7483	turb.	0,0023
0,6054	0,0632	1,1834	0,001226	0,000890	0,001556	1067,2	0,0040	1,3767	1,7470	turb.	0,0022
0,5535	0,0682	1,1985	0,001034	0,000748	0,001304	907,3	0,0041	1,3838	1,7438	turb.	0,0022
0,5011	0,0724	1,2136	0,000856	0,000611	0,001061	750,7	0,0042	1,4012	1,7362	turb.	0,0022
0,4486	0,0757	1,2289	0,000702	0,000479	0,000820	596,9	0,0039	1,4642	1,7106	turb.	0,0023
0,3966	0,0781	1,2456	0,000710	0,000372	0,000589	470,6	0,0020	1,9098	1,5840	turb.	0,0031
0,3458	0,0796	1,2653	0,000876	0,000302	0,000467	394,5	0,0007	2,9000	1,5459	lam.	0,0053
0,2965	0,0800	1,3059	0,000637	0,000251	0,000395	334,1	0,0014	2,5411	1,5784	lam.	0,0038
0,2484	0,0783	1,3335	0,000541	0,000220	0,000349	291,8	0,0018	2,4623	1,5881	lam.	0,0033
0,2031	0,0738	1,3283	0,000469	0,000194	0,000308	253,1	0,0022	2,4220	1,5933	lam.	0,0030
0,1614	0,0671	1,3068	0,000408	0,000170	0,000272	216,4	0,0027	2,4000	1,5962	lam.	0,0027
0,1237	0,0587	1,2716	0,000352	0,000147	0,000236	180,8	0,0032	2,3867	1,5980	lam.	0,0025
0,0904	0,0492	1,2243	0,000295	0,000124	0,000199	144,7	0,0041	2,3768	1,5994	lam.	0,0022
0,0620	0,0393	1,1651	0,000237	0,000101	0,000161	110,1	0,0055	2,3582	1,6020	lam.	0,0019
0,0386	0,0294	1,0907	0,000173	0,000074	0,000119	73,7	0,0086	2,3258	1,6067	lam.	0,0015
0,0207	0,0202	0,9910	0,000102	0,000045	0,000073	37,8	0,0185	2,2528	1,6174	lam.	0,0010
0,0082	0,0120	0,8330	0,000022	0,000010	0,000016	4,8	0,0001	2,2364	1,6200	lam.	0,0141
0,0013	0,0052	0,4614	0,000001	0,000000	0,000001	0,0	0,0000	2,2364	1,6200	lam.	0,0000
0,0000	0,0000	0,7022	0,000023	0,000010	0,000016	5,0	0,0001	2,2364	1,6200	lam.	0,0141
0,0042	-0,0034	1,2933	0,000091	0,000040	0,000065	28,1	0,0240	2,2783	1,6135	lam.	0,0009
0,0136	-0,0049	1,1968	0,000066	0,000030	0,000048	37,3	0,0196	2,2220	1,6222	lam.	0,0010
0,0283	-0,0046	1,1095	0,000234	0,000076	0,000117	91,2	0,0024	3,0675	1,5355	lam.	0,0029
0,0478	-0,0027	1,0417	0,000279	0,000130	0,000201	143,8	0,0019	2,1452	1,5427	turb.	0,0033
0,0720	0,0004	0,9881	0,000317	0,000203	0,000339	210,7	0,0042	1,5635	1,6750	turb.	0,0022
0,1006	0,0043	0,9450	0,000452	0,000303	0,000516	299,2	0,0044	1,4893	1,7007	turb.	0,0021
0,1332	0,0086	0,9105	0,000620	0,000422	0,000721	398,7	0,0043	1,4682	1,7087	turb.	0,0022
0,1695	0,0128	0,8841	0,000807	0,000554	0,000950	504,4	0,0041	1,4559	1,7135	turb.	0,0022
0,2091	0,0164	0,8659	0,001000	0,000692	0,001190	611,9	0,0040	1,4436	1,7185	turb.	0,0022
0,2516	0,0190	0,8573	0,001178	0,000825	0,001423	714,3	0,0040	1,4279	1,7249	turb.	0,0022
0,2967	0,0200	0,8695	0,001325	0,000943	0,001634	808,1	0,0041	1,4061	1,7341	turb.	0,0022
0,3452	0,0200	0,8906	0,001355	0,000991	0,001736	861,9	0,0043	1,3672	1,7514	turb.	0,0022
0,3955	0,0200	0,8959	0,001362	0,001017	0,001795	906,2	0,0045	1,3387	1,7648	turb.	0,0021
0,4469	0,0198	0,8983	0,001484	0,001108	0,001954	992,3	0,0044	1,3398	1,7642	turb.	0,0021
0,4989	0,0195	0,8993	0,001621	0,001208	0,002131	1085,5	0,0043	1,3414	1,7634	turb.	0,0022
0,5510	0,0189	0,9000	0,001761	0,001312	0,002314	1180,2	0,0042	1,3421	1,7630	turb.	0,0022

0,6026	0,0180	0,9007	0,001903	0,001418	0,002501	1276,4	0,0041	1,3416	1,7633	turb.	0,0022
0,6530	0,0168	0,9018	0,002036	0,001520	0,002680	1368,8	0,0041	1,3402	1,7640	turb.	0,0022
0,7019	0,0153	0,9032	0,002160	0,001614	0,002849	1456,0	0,0040	1,3381	1,7650	turb.	0,0022
0,7486	0,0136	0,9051	0,002276	0,001704	0,003010	1539,5	0,0040	1,3355	1,7662	turb.	0,0022
0,7925	0,0117	0,9074	0,002378	0,001784	0,003153	1615,0	0,0040	1,3328	1,7676	turb.	0,0022
0,8334	0,0097	0,9098	0,002469	0,001856	0,003284	1684,5	0,0039	1,3299	1,7690	turb.	0,0023
0,8705	0,0077	0,9122	0,002548	0,001920	0,003399	1747,1	0,0039	1,3272	1,7703	turb.	0,0023
0,9037	0,0058	0,9143	0,002619	0,001977	0,003502	1803,7	0,0039	1,3248	1,7715	turb.	0,0023
0,9324	0,0040	0,9157	0,002680	0,002026	0,003591	1852,5	0,0039	1,3229	1,7724	turb.	0,0023
0,9563	0,0024	0,9160	0,002739	0,002072	0,003674	1898,0	0,0039	1,3219	1,7729	turb.	0,0023
0,9752	0,0011	0,9145	0,002799	0,002117	0,003753	1939,4	0,0039	1,3221	1,7728	turb.	0,0023
0,9889	0,0002	0,9118	0,002865	0,002164	0,003834	1979,1	0,0038	1,3241	1,7718	turb.	0,0023
0,9971	-0,0004	0,9458	0,002935	0,002211	0,003915	2016,6	0,0038	1,3274	1,7702	turb.	0,0023
0,9999	-0,0006	0,2474	0,017476	0,002188	0,009059	541,3	0,0000	7,9883	4,1409	turb.	0,0000

α	Ca	Cw	Cm 0.25		T.U.	T.L.	S.U.	S.L.	GZ	N.P.	D.P.	
[°]	[-]	[-]	[-]	[-]	[-]	[-]	[-]	[-]	[-]	[-]		
-19,0	-0,092	0,14836		-0,048	0,899	0,002	1,000	0,037	-0,622	0,249	-0,268	
-18,0	-0,103	0,13657		-0,048	0,886	0,002	1,000	0,037	-0,751	0,235	-0,216	
-17,0	-0,114	0,12425		-0,048	0,875	0,002	1,000	0,038	-0,918	0,240	-0,172	
-16,0	-0,127	0,11290		-0,048	0,855	0,002	1,000	0,037	-1,124	0,255	-0,128	
-15,0	-0,141	0,10265		-0,048	0,839	0,002	1,000	0,037	-1,373	0,233	-0,090	
-14,0	-0,156	0,09237		-0,049	0,812	0,002	1,000	0,038	-1,689	0,261	-0,061	
-13,0	-0,171	0,08437		-0,048	0,787	0,002	1,000	0,034	-2,028	0,279	-0,029	
-12,0	-0,185	0,07641		-0,048	0,756	0,002	1,000	0,034	-2,425	0,290	-0,007	
-11,0	-0,196	0,06930		-0,047	0,720	0,002	1,000	0,030	-2,831	0,372	0,012	
-10,0	-0,201	0,06320		-0,046	0,680	0,002	1,000	0,026	-3,182	-3,710	0,022	
-9,0	-0,196	0,05676		-0,046	0,638	0,001	1,000	0,025	-3,452	0,179	0,018	
-8,0	-0,176	0,05171		-0,044	0,591	0,001	1,000	0,020	-3,404	0,224	0,000	
-7,0	-0,138	0,04666		-0,044	0,538	0,001	1,000	0,020	-2,960	0,290	-0,069	
-6,0	-0,081	0,04123		-0,048	0,339	0,002	1,000	0,029	-1,963	0,349	-0,340	
-5,0	-0,006	0,03493		-0,057	0,321	0,004	1,000	0,068	-0,179	0,531	-8,896	
-4,0	0,100	0,00768		-0,099	0,309	0,005	1,000	1,000	13,062	0,442	1,234	
-3,0	0,214	0,00758		-0,099	0,300	0,006	1,000	1,000	28,282	0,257	0,714	
-2,0	0,331	0,00755		-0,100	0,286	0,008	1,000	1,000	43,829	0,258	0,553	
-1,0	0,448	0,00755		-0,101	0,273	0,010	1,000	1,000	59,352	0,258	0,476	
0,0	0,565	0,00753		-0,102	0,264	0,027	1,000	1,000	74,933	0,259	0,431	
1,0	0,679	0,00753		-0,103	0,257	0,068	1,000	1,000	90,123	0,259	0,402	
2,0	0,793	0,00758		-0,104	0,251	0,127	1,000	1,000	104,604		0,259	0,382
3,0	0,907	0,00653		-0,105	0,230	0,998	1,000	0,999	138,839		0,260	0,366
4,0	1,018	0,00694		-0,107	0,211	0,998	1,000	0,999	146,595		0,261	0,355
5,0	1,121	0,00945		-0,108	0,008	0,998	1,000	0,999	118,566		0,262	0,346
6,0	1,213	0,01020		-0,109	0,005	0,999	1,000	0,999	118,836		0,265	0,340
7,0	1,289	0,01106		-0,110	0,003	0,999	1,000	0,999	116,607		0,269	0,335
8,0	1,346	0,01198		-0,111	0,003	0,999	1,000	0,999	112,374		0,295	0,333
9,0	1,348	0,01313		-0,113	0,002	0,999	1,000	0,999	102,671		0,197	0,334
10,0	1,295	0,01473		-0,114	0,001	0,999	1,000	0,999	87,942	0,231	0,338	
11,0	1,201	0,01672		-0,116	0,001	0,999	1,000	0,999	71,845	0,247	0,346	
12,0	1,062	0,01915		-0,115	0,000	0,999	0,918	0,999	55,466	0,250	0,358	
13,0	0,927	0,02124		-0,116	0,001	0,999	0,888	0,999	43,638	0,251	0,375	
14,0	0,786	0,02554		-0,115	0,001	0,999	0,806	0,999	30,777	0,261	0,396	
15,0	0,655	0,03359		-0,113	0,001	0,998	0,691	0,999	19,496	0,263	0,422	
16,0	0,548	0,04125		-0,112	0,001	0,999	0,622	0,999	13,285	0,271	0,454	
17,0	0,453	0,05692		-0,108	0,001	0,998	0,502	0,999	7,952	0,282	0,489	
18,0	0,378	0,07165		-0,106	0,001	0,999	0,427	0,999	5,278	0,288	0,531	
19,0	0,316	0,09138		-0,103	0,001	0,999	0,346	0,999	3,462	0,296	0,576	
20,0	0,268	0,10929		-0,101	0,001	0,999	0,296	0,999	2,449	0,289	0,628	

NACA 08 30 06 Re: 10E6, Wasser

1,00014038	0,00061416
0,99744339	0,00142617
0,98937923	0,00383537
0,97602826	0,00776252
0,95752421	0,01307958
0,93405378	0,01961546
0,90585578	0,02716333
0,87321986	0,03548913
0,83648453	0,04434047
0,79603446	0,05345569
0,75229719	0,06257243
0,70573912	0,07143559
0,65686104	0,07980442
0,60619325	0,08745900
0,55429022	0,09420588
0,50172499	0,09988325
0,44908307	0,10436550
0,39695593	0,10756720
0,34593393	0,10944620
0,29645199	0,10999685
0,24736982	0,10736732
0,20135628	0,10062697
0,15904786	0,09060195
0,12098863	0,07822232
0,08762431	0,06446205
0,05930535	0,05028231
0,03629468	0,03658046
0,01877663	0,02414603
0,00686508	0,01362360
0,00060976	0,00548337
0,00000000	0,00000000
0,00486834	-0,00257505
0,01498732	-0,00218122
0,03016686	0,00089251
0,05015986	0,00620667
0,07466924	0,01319339
0,10335870	0,02118466
0,13586655	0,02944507
0,17182154	0,03720637
0,21085847	0,04370045
0,25263018	0,04818823
0,29681136	0,04998298
0,34504908	0,04987805
0,39513238	0,04942073
0,44638847	0,04850769
0,49827501	0,04705553
0,55023824	0,04501461

0,60171844	0,04237312
0,65215595	0,03915843
0,70099753	0,03543592
0,74770281	0,03130512
0,79175079	0,02689372
0,83264607	0,02235012
0,86992496	0,01783495
0,90316122	0,01351241
0,93197163	0,00954207
0,95602124	0,00607131
0,97502826	0,00322902
0,98876837	0,00112048
0,99707850	-0,00017648
0,99985962	-0,00061416

x/l	y/l	v/V	δ_1	δ_2	δ_3	Reδ_2	C_f	H_12	H_32	Zust.	y1
[-]	[-]	[-]	[-]	[-]	[-]	[-]	[-]	[-]	[-]	[-]	[%]
1,0001	0,0006	0,2341	0,016405	0,003888	0,008761	910,5	0,0000	4,2192	2,2534	turb.	0,0000
0,9974	0,0014	0,9696	0,007415	0,004157	0,006695	3998,1	0,0015	1,7837	1,6105	turb.	0,0037
0,9894	0,0038	0,9631	0,005956	0,003619	0,005965	3611,9	0,0019	1,6456	1,6482	turb.	0,0032
0,9760	0,0078	0,9988	0,004949	0,003178	0,005327	3282,6	0,0022	1,5574	1,6763	turb.	0,0030
0,9575	0,0131	1,0328	0,004245	0,002828	0,004796	3010,7	0,0025	1,5013	1,6961	turb.	0,0028
0,9341	0,0196	1,0646	0,003709	0,002535	0,004336	2774,2	0,0027	1,4633	1,7105	turb.	0,0027
0,9059	0,0272	1,0947	0,003264	0,002273	0,003914	2553,0	0,0029	1,4356	1,7216	turb.	0,0026
0,8732	0,0355	1,1233	0,002887	0,002039	0,003528	2345,7	0,0031	1,4155	1,7300	turb.	0,0025
0,8365	0,0443	1,1505	0,002558	0,001826	0,003170	2148,0	0,0033	1,4010	1,7362	turb.	0,0025
0,7960	0,0535	1,1765	0,002262	0,001627	0,002832	1954,6	0,0034	1,3906	1,7407	turb.	0,0024
0,7523	0,0626	1,2013	0,001997	0,001443	0,002517	1768,4	0,0035	1,3836	1,7439	turb.	0,0024
0,7057	0,0714	1,2250	0,001753	0,001271	0,002218	1585,4	0,0036	1,3793	1,7458	turb.	0,0023
0,6569	0,0798	1,2476	0,001527	0,001108	0,001935	1406,6	0,0038	1,3776	1,7466	turb.	0,0023
0,6062	0,0875	1,2694	0,001309	0,000949	0,001658	1225,3	0,0039	1,3785	1,7461	turb.	0,0023
0,5543	0,0942	1,2904	0,001104	0,000798	0,001392	1046,9	0,0040	1,3831	1,7441	turb.	0,0022
0,5017	0,0999	1,3112	0,000910	0,000652	0,001134	869,3	0,0041	1,3947	1,7390	turb.	0,0022
0,4491	0,1044	1,3324	0,000732	0,000512	0,000882	693,7	0,0040	1,4300	1,7241	turb.	0,0022
0,3970	0,1076	1,3557	0,000620	0,000384	0,000638	531,9	0,0031	1,6122	1,6594	turb.	0,0025
0,3459	0,1094	1,3839	0,000846	0,000279	0,000430	404,8	0,0006	3,0270	1,5379	lam.	0,0059
0,2965	0,1100	1,4484	0,000554	0,000222	0,000352	331,0	0,0015	2,4919	1,5844	lam.	0,0036
0,2474	0,1074	1,4898	0,000465	0,000194	0,000309	285,4	0,0020	2,4029	1,5958	lam.	0,0032
0,2014	0,1006	1,4733	0,000406	0,000172	0,000275	245,4	0,0025	2,3634	1,6012	lam.	0,0029
0,1590	0,0906	1,4287	0,000358	0,000152	0,000244	207,8	0,0030	2,3458	1,6037	lam.	0,0026
0,1210	0,0782	1,3630	0,000314	0,000134	0,000216	172,5	0,0036	2,3364	1,6050	lam.	0,0024
0,0876	0,0645	1,2807	0,000269	0,000116	0,000186	137,1	0,0046	2,3298	1,6060	lam.	0,0021
0,0593	0,0503	1,1835	0,000220	0,000095	0,000153	101,9	0,0063	2,3174	1,6078	lam.	0,0018
0,0363	0,0366	1,0688	0,000164	0,000072	0,000116	66,8	0,0100	2,2871	1,6123	lam.	0,0014
0,0188	0,0241	0,9243	0,000096	0,000043	0,000069	30,5	0,0233	2,2373	1,6198	lam.	0,0009
0,0069	0,0136	0,7105	0,000030	0,000013	0,000022	3,6	0,0001	2,2364	1,6200	lam.	0,0141
0,0006	0,0055	0,2440	0,000001	0,000000	0,000001	0,0	0,0000	2,2364	1,6200	lam.	0,0000
0,0000	0,0000	1,0647	0,000028	0,000012	0,000020	4,2	0,0001	2,2364	1,6200	lam.	0,0141
0,0049	-0,0026	1,4578	0,000065	0,000029	0,000047	23,8	0,0298	2,2378	1,6198	lam.	0,0008
0,0150	-0,0022	1,2295	0,000075	0,000033	0,000054	48,6	0,0145	2,2523	1,6176	lam.	0,0012
0,0302	0,0009	1,0872	0,000208	0,000100	0,000156	123,1	0,0022	2,0684	1,5520	turb.	0,0030
0,0502	0,0062	0,9862	0,000327	0,000189	0,000308	205,8	0,0032	1,7300	1,6248	turb.	0,0025
0,0747	0,0132	0,9098	0,000520	0,000313	0,000515	308,7	0,0033	1,6600	1,6442	turb.	0,0025
0,1034	0,0212	0,8499	0,000778	0,000472	0,000779	429,1	0,0031	1,6470	1,6481	turb.	0,0025
0,1359	0,0294	0,8031	0,001078	0,000653	0,001076	555,1	0,0029	1,6501	1,6472	turb.	0,0026
0,1718	0,0372	0,7679	0,001416	0,000856	0,001410	687,9	0,0028	1,6531	1,6464	turb.	0,0027
0,2109	0,0437	0,7447	0,001747	0,001063	0,001754	816,6	0,0027	1,6435	1,6492	turb.	0,0027
0,2526	0,0482	0,7350	0,002009	0,001249	0,002073	929,6	0,0028	1,6085	1,6600	turb.	0,0027
0,2968	0,0500	0,7549	0,002114	0,001369	0,002302	1006,5	0,0030	1,5439	1,6812	turb.	0,0026
0,3450	0,0499	0,7884	0,001882	0,001319	0,002277	996,5	0,0037	1,4263	1,7257	turb.	0,0023
0,3951	0,0494	0,7996	0,001659	0,001232	0,002169	971,1	0,0043	1,3470	1,7609	turb.	0,0021
0,4464	0,0485	0,8066	0,001712	0,001283	0,002266	1025,8	0,0044	1,3347	1,7666	turb.	0,0021
0,4983	0,0471	0,8117	0,001805	0,001355	0,002396	1093,1	0,0043	1,3320	1,7680	turb.	0,0021
0,5502	0,0450	0,8162	0,001915	0,001439	0,002544	1168,0	0,0043	1,3314	1,7682	turb.	0,0022
0,6017	0,0424	0,8206	0,002025	0,001522	0,002691	1242,0	0,0042	1,3307	1,7686	turb.	0,0022

0,6522	0,0392	0,8255	0,002130	0,001603	0,002836	1315,4	0,0042	1,3290	1,7694	turb.	0,0022
0,7010	0,0354	0,8310	0,002222	0,001675	0,002965	1382,8	0,0042	1,3266	1,7706	turb.	0,0022
0,7477	0,0313	0,8372	0,002302	0,001740	0,003083	1445,9	0,0041	1,3234	1,7722	turb.	0,0022
0,7918	0,0269	0,8440	0,002367	0,001793	0,003181	1501,7	0,0041	1,3198	1,7740	turb.	0,0022
0,8326	0,0224	0,8512	0,002416	0,001836	0,003260	1549,6	0,0041	1,3159	1,7759	turb.	0,0022
0,8699	0,0178	0,8587	0,002451	0,001869	0,003322	1590,8	0,0041	1,3119	1,7779	turb.	0,0022
0,9032	0,0135	0,8662	0,002475	0,001892	0,003367	1624,9	0,0042	1,3081	1,7799	turb.	0,0022
0,9320	0,0095	0,8731	0,002489	0,001908	0,003399	1653,0	0,0042	1,3044	1,7818	turb.	0,0022
0,9560	0,0061	0,8788	0,002496	0,001918	0,003421	1675,0	0,0042	1,3015	1,7833	turb.	0,0022
0,9750	0,0032	0,8824	0,002505	0,001928	0,003440	1694,3	0,0042	1,2995	1,7843	turb.	0,0022
0,9888	0,0011	0,8836	0,002523	0,001942	0,003466	1713,9	0,0042	1,2991	1,7845	turb.	0,0022
0,9971	-0,0002	0,9163	0,002551	0,001962	0,003500	1734,0	0,0042	1,3003	1,7839	turb.	0,0022
0,9999	-0,0006	0,2341	0,017426	0,001952	0,008783	457,2	0,0000	8,9265	4,4993	turb.	0,0000

α	Ca	Cw	Cm 0.25		T.U.	T.L.	S.U.	S.L.	GZ	N.P.	D.P.	
[°]	[-]	[-]	[-]	[-]	[-]	[-]	[-]	[-]	[-]	[-]		
-19,0	-0,062	0,14543		-0,077	0,828	0,002	0,997	0,035	-0,427	0,239	-0,994	
-18,0	-0,067	0,13320		-0,077	0,809	0,002	1,000	0,035	-0,505	0,247	-0,900	
-17,0	-0,073	0,12190		-0,077	0,794	0,002	1,000	0,035	-0,596	0,320	-0,814	
-16,0	-0,078	0,11208		-0,077	0,768	0,002	1,000	0,034	-0,696	0,290	-0,731	
-15,0	-0,083	0,10141		-0,077	0,747	0,002	1,000	0,034	-0,821	0,260	-0,674	
-14,0	-0,088	0,09203		-0,076	0,718	0,002	1,000	0,033	-0,952	0,475	-0,623	
-13,0	-0,090	0,08371		-0,075	0,689	0,002	1,000	0,030	-1,078	0,984	-0,585	
-12,0	-0,090	0,07654		-0,075	0,660	0,002	1,000	0,029	-1,175	0,089	-0,582	
-11,0	-0,085	0,06968		-0,074	0,622	0,002	1,000	0,028	-1,215	0,176	-0,629	
-10,0	-0,072	0,06291		-0,073	0,583	0,002	1,000	0,026	-1,139	0,216	-0,774	
-9,0	-0,048	0,05771		-0,073	0,344	0,002	1,000	0,025	-0,826	0,214	-1,285	
-8,0	-0,009	0,05284		-0,071	0,328	0,002	1,000	0,021	-0,168	0,190	-7,782	
-7,0	0,048	0,04843		-0,067	0,317	0,002	1,000	0,016	0,985	0,232	1,664	
-6,0	0,123	0,04360		-0,069	0,309	0,002	1,000	0,017	2,820	0,268	0,809	
-5,0	0,215	0,03952		-0,070	0,303	0,001	1,000	0,018	5,431	0,289	0,578	
-4,0	0,318	0,03562		-0,076	0,298	0,002	1,000	0,027	8,922	0,357	0,490	
-3,0	0,429	0,03077		-0,093	0,284	0,005	1,000	0,071	13,947	0,497	0,468	
-2,0	0,656	0,00794		-0,160	0,274	0,007	1,000	1,000	82,627	0,444	0,494	
-1,0	0,778	0,00805		-0,161	0,268	0,007	1,000	1,000	96,590	0,260	0,457	
0,0	0,897	0,00818		-0,162	0,263	0,010	1,000	1,000	109,634		0,261	0,431
1,0	1,011	0,00828		-0,164	0,258	0,023	1,000	1,000	122,184		0,262	0,412
2,0	1,125	0,00844		-0,165	0,255	0,047	1,000	1,000	133,227		0,263	0,397
3,0	1,238	0,00864		-0,167	0,251	0,082	1,000	1,000	143,274		0,264	0,385
4,0	1,350	0,00887		-0,168	0,247	0,129	1,000	1,000	152,292		0,264	0,375
5,0	1,462	0,00854		-0,170	0,227	0,998	1,000	0,998	171,263		0,265	0,366
6,0	1,562	0,01247		-0,172	0,006	0,998	1,000	0,999	125,324		0,269	0,360
7,0	1,646	0,01352		-0,173	0,003	0,998	1,000	0,999	121,725		0,274	0,355
8,0	1,710	0,01468		-0,175	0,003	0,998	1,000	0,999	116,491		0,288	0,352
9,0	1,743	0,01615		-0,177	0,001	0,998	1,000	0,999	107,899		0,044	0,352
10,0	1,694	0,01515		-0,178	0,001	0,998	0,990	0,999	111,769		0,236	0,355
11,0	1,581	0,01978		-0,179	0,000	0,999	0,956	0,999	79,961	0,244	0,363	
12,0	1,429	0,02213		-0,180	0,000	0,999	0,926	0,999	64,576	0,246	0,376	
13,0	1,253	0,02486		-0,181	0,000	0,998	0,891	0,999	50,417	0,247	0,394	
14,0	1,074	0,02801		-0,181	0,000	0,998	0,852	0,999	38,354	0,248	0,419	
15,0	0,907	0,03185		-0,181	0,000	0,998	0,811	0,999	28,480	0,249	0,450	
16,0	0,759	0,03629		-0,182	0,000	0,998	0,769	0,999	20,914	0,250	0,489	
17,0	0,632	0,04206		-0,181	0,000	0,999	0,723	0,999	15,035	0,253	0,537	
18,0	0,526	0,04935		-0,181	0,000	0,999	0,672	0,999	10,665	0,266	0,594	
19,0	0,436	0,06243		-0,178	0,000	0,998	0,592	0,999	6,989	0,268	0,659	
20,0	0,366	0,07196		-0,178	0,000	0,998	0,552	0,999	5,092	0,256	0,736	

NACA 10 30 06 Re: 10E6, Wasser

1,00017307	0,00060576
0,99748591	0,00157150
0,98945052	0,00443682
0,97614526	0,00910744
0,95770068	0,01543089
0,93429930	0,02320309
0,90617511	0,03217693
0,87361250	0,04207224
0,83694463	0,05258648
0,79655104	0,06340568
0,75285457	0,07421502
0,70631770	0,08470881
0,65743831	0,09459961
0,60674496	0,10362642
0,55479193	0,11156195
0,50215366	0,11821910
0,44941879	0,12345643
0,39718356	0,12718266
0,34604450	0,12935988
0,29640707	0,12999403
0,24671950	0,12674674
0,20021327	0,11845335
0,15756999	0,10618058
0,11934380	0,09111706
0,08596534	0,07449054
0,05775755	0,05749704
0,03495353	0,04124188
0,01771127	0,02669046
0,00612414	0,01462684
0,00022720	0,00562020
0,00000000	0,00000000
0,00525091	-0,00198480
0,01572826	-0,00032387
0,03123221	0,00460771
0,05150101	0,01224204
0,07621705	0,02184759
0,10501767	0,03256784
0,13751137	0,04346718
0,17329941	0,05357981
0,21200148	0,06195593
0,25328050	0,06769770
0,29685628	0,06998076
0,34493851	0,06979543
0,39490475	0,06905225
0,44605275	0,06763506

0,49784634 0,06545437
0,54973653 0,06246366
0,60116673 0,05866372
0,65157869 0,05410395
0,70041894 0,04888057
0,74714543 0,04313192
0,79123421 0,03703108
0,83218597 0,03077676
0,86953232 0,02458285
0,90284188 0,01866775
0,93172610 0,01324382
0,95584478 0,00850771
0,97491126 0,00463197
0,98869708 0,00175800
0,99703599 -0,00000939
0,99982693 -0,00060576

x/l	y/l	v/V	δ_1	δ_2	δ_3	Reδ_2	C_f	H_12	H_32	Zust.	y1
[-]	[-]	[-]	[-]	[-]	[-]	[-]	[-]	[-]	[-]	[-]	[%]
1,0002	0,0006	0,2231	0,017257	0,004562	0,008939	1017,7	0,0000	3,7831	1,9596	turb.	0,0000
0,9975	0,0016	0,9588	0,010216	0,004950	0,007681	4755,0	0,0009	2,0638	1,5516	turb.	0,0046
0,9895	0,0044	0,9604	0,007468	0,004173	0,006716	4185,2	0,0015	1,7896	1,6093	turb.	0,0037
0,9761	0,0091	1,0027	0,005920	0,003596	0,005927	3749,5	0,0019	1,6463	1,6481	turb.	0,0033
0,9577	0,0154	1,0425	0,004923	0,003153	0,005281	3403,2	0,0022	1,5615	1,6749	turb.	0,0030
0,9343	0,0232	1,0800	0,004179	0,002778	0,004709	3098,3	0,0025	1,5042	1,6950	turb.	0,0028
0,9062	0,0322	1,1156	0,003602	0,002459	0,004206	2826,7	0,0027	1,4646	1,7100	turb.	0,0027
0,8736	0,0421	1,1496	0,003126	0,002177	0,003748	2574,4	0,0029	1,4360	1,7215	turb.	0,0026
0,8369	0,0526	1,1823	0,002732	0,001930	0,003338	2342,7	0,0031	1,4157	1,7299	turb.	0,0025
0,7966	0,0634	1,2137	0,002392	0,001707	0,002963	2123,0	0,0033	1,4012	1,7361	turb.	0,0025
0,7529	0,0742	1,2437	0,002091	0,001503	0,002616	1912,5	0,0034	1,3911	1,7405	turb.	0,0024
0,7063	0,0847	1,2724	0,001823	0,001316	0,002295	1711,0	0,0035	1,3846	1,7434	turb.	0,0024
0,6574	0,0946	1,2998	0,001575	0,001140	0,001990	1512,1	0,0037	1,3812	1,7449	turb.	0,0023
0,6067	0,1036	1,3261	0,001346	0,000975	0,001701	1317,0	0,0038	1,3808	1,7451	turb.	0,0023
0,5548	0,1116	1,3515	0,001131	0,000817	0,001424	1124,5	0,0039	1,3844	1,7435	turb.	0,0023
0,5022	0,1182	1,3764	0,000927	0,000665	0,001156	931,7	0,0040	1,3951	1,7388	turb.	0,0022
0,4494	0,1235	1,4018	0,000743	0,000521	0,000899	745,1	0,0040	1,4260	1,7257	turb.	0,0022
0,3972	0,1272	1,4297	0,000611	0,000388	0,000648	567,4	0,0033	1,5749	1,6712	turb.	0,0025
0,3460	0,1294	1,4637	0,000829	0,000267	0,000410	412,6	0,0005	3,1055	1,5338	lam.	0,0063
0,2964	0,1300	1,5452	0,000510	0,000207	0,000329	330,9	0,0016	2,4614	1,5882	lam.	0,0035
0,2467	0,1267	1,5957	0,000427	0,000180	0,000288	282,6	0,0021	2,3713	1,6001	lam.	0,0031
0,2002	0,1185	1,5689	0,000375	0,000161	0,000258	242,2	0,0026	2,3348	1,6052	lam.	0,0028
0,1576	0,1062	1,5056	0,000336	0,000145	0,000233	205,0	0,0031	2,3200	1,6073	lam.	0,0025
0,1193	0,0911	1,4170	0,000299	0,000129	0,000208	169,1	0,0038	2,3145	1,6081	lam.	0,0023
0,0860	0,0745	1,3104	0,000260	0,000113	0,000181	134,4	0,0048	2,3096	1,6089	lam.	0,0020
0,0578	0,0575	1,1892	0,000215	0,000093	0,000150	98,2	0,0067	2,3010	1,6102	lam.	0,0017
0,0350	0,0412	1,0509	0,000161	0,000071	0,000114	62,6	0,0108	2,2749	1,6140	lam.	0,0014
0,0177	0,0267	0,8825	0,000094	0,000042	0,000068	27,0	0,0264	2,2354	1,6201	lam.	0,0009
0,0061	0,0146	0,6414	0,000040	0,000018	0,000029	2,8	0,0001	2,2364	1,6200	lam.	0,0141
0,0002	0,0056	0,1288	0,000001	0,000000	0,000001	0,0	0,0000	2,2364	1,6200	lam.	0,0000
0,0000	0,0000	1,2707	0,000032	0,000014	0,000023	3,7	0,0001	2,2364	1,6200	lam.	0,0141
0,0053	-0,0020	1,5315	0,000065	0,000029	0,000047	21,9	0,0326	2,2362	1,6200	lam.	0,0008
0,0157	-0,0003	1,2303	0,000087	0,000038	0,000061	58,1	0,0114	2,2952	1,6111	lam.	0,0013
0,0312	0,0046	1,0609	0,000648	0,000570	0,000340	604,5	0,0000	1,1367	0,5972	turb.	0,0000
0,0515	0,0122	0,9440	0,000648	0,000570	0,000340	537,9	0,0000	1,1367	0,5972	abgel.	0,0000
0,0762	0,0218	0,8568	0,000648	0,000570	0,000340	488,2	0,0000	1,1367	0,5972	abgel.	0,0000
0,1050	0,0326	0,7889	0,000648	0,000570	0,000340	449,5	0,0000	1,1367	0,5972	abgel.	0,0000
0,1375	0,0435	0,7360	0,000648	0,000570	0,000340	419,4	0,0000	1,1367	0,5972	abgel.	0,0000
0,1733	0,0536	0,6964	0,000648	0,000570	0,000340	396,8	0,0000	1,1367	0,5972	abgel.	0,0000
0,2120	0,0620	0,6705	0,000648	0,000570	0,000340	382,0	0,0000	1,1367	0,5972	abgel.	0,0000
0,2533	0,0677	0,6601	0,000648	0,000570	0,000340	376,1	0,0000	1,1367	0,5972	abgel.	0,0000
0,2969	0,0700	0,6837	0,000648	0,000570	0,000340	389,6	0,0000	1,1367	0,5972	abgel.	0,0000
0,3449	0,0698	0,7238	0,000648	0,000570	0,000340	412,4	0,0000	1,1367	0,5972	abgel.	0,0000
0,3949	0,0691	0,7384	0,000648	0,000570	0,000340	420,7	0,0000	1,1367	0,5972	abgel.	0,0000
0,4461	0,0676	0,7482	0,000648	0,000570	0,000340	426,3	0,0000	1,1367	0,5972	abgel.	0,0000
0,4978	0,0655	0,7557	0,000648	0,000570	0,000340	430,6	0,0000	1,1367	0,5972	abgel.	0,0000
0,5497	0,0625	0,7625	0,000648	0,000570	0,000340	434,4	0,0000	1,1367	0,5972	abgel.	0,0000

0,6012	0,0587	0,7692	0,000648	0,000570	0,000340	438,3	0,0000	1,1367	0,5972	abgel.	0,0000
0,6516	0,0541	0,7764	0,000648	0,000570	0,000340	442,4	0,0000	1,1367	0,5972	abgel.	0,0000
0,7004	0,0489	0,7844	0,000648	0,000570	0,000340	446,9	0,0000	1,1367	0,5972	abgel.	0,0000
0,7471	0,0431	0,7931	0,000648	0,000570	0,000340	451,9	0,0000	1,1367	0,5972	abgel.	0,0000
0,7912	0,0370	0,8026	0,000648	0,000570	0,000340	457,3	0,0000	1,1367	0,5972	abgel.	0,0000
0,8322	0,0308	0,8127	0,000648	0,000570	0,000340	463,1	0,0000	1,1367	0,5972	abgel.	0,0000
0,8695	0,0246	0,8233	0,000648	0,000570	0,000340	469,1	0,0000	1,1367	0,5972	abgel.	0,0000
0,9028	0,0187	0,8339	0,000648	0,000570	0,000340	475,2	0,0000	1,1367	0,5972	abgel.	0,0000
0,9317	0,0132	0,8441	0,000648	0,000570	0,000340	481,0	0,0000	1,1367	0,5972	abgel.	0,0000
0,9558	0,0085	0,8530	0,000648	0,000570	0,000340	486,0	0,0000	1,1367	0,5972	abgel.	0,0000
0,9749	0,0046	0,8594	0,000648	0,000570	0,000340	489,7	0,0000	1,1367	0,5972	abgel.	0,0000
0,9887	0,0018	0,8626	0,000648	0,000570	0,000340	491,5	0,0000	1,1367	0,5972	abgel.	0,0000
0,9970	-0,0000	0,8932	0,000648	0,000570	0,000340	508,9	0,0000	1,1367	0,5972	abgel.	0,0000
0,9998	-0,0006	0,2231	0,000648	0,000570	0,000340	127,1	0,0000	1,1367	0,5972	abgel.	0,0000

α	Ca	Cw	Cm 0.25		T.U.	T.L.	S.U.	S.L.	GZ	N.P.	D.P.	
[°]	[-]	[-]	[-]	[-]	[-]	[-]	[-]	[-]	[-]	[-]		
-19,0	-0,062	0,14543		-0,077	0,828	0,002	0,997	0,035	-0,427	0,239	-0,994	
-18,0	-0,067	0,13320		-0,077	0,809	0,002	1,000	0,035	-0,505	0,247	-0,900	
-17,0	-0,073	0,12190		-0,077	0,794	0,002	1,000	0,035	-0,596	0,320	-0,814	
-16,0	-0,078	0,11208		-0,077	0,768	0,002	1,000	0,034	-0,696	0,290	-0,731	
-15,0	-0,083	0,10141		-0,077	0,747	0,002	1,000	0,034	-0,821	0,260	-0,674	
-14,0	-0,088	0,09203		-0,076	0,718	0,002	1,000	0,033	-0,952	0,475	-0,623	
-13,0	-0,090	0,08371		-0,075	0,689	0,002	1,000	0,030	-1,078	0,984	-0,585	
-12,0	-0,090	0,07654		-0,075	0,660	0,002	1,000	0,029	-1,175	0,089	-0,582	
-11,0	-0,085	0,06968		-0,074	0,622	0,002	1,000	0,028	-1,215	0,176	-0,629	
-10,0	-0,072	0,06291		-0,073	0,583	0,002	1,000	0,026	-1,139	0,216	-0,774	
-9,0	-0,048	0,05771		-0,073	0,344	0,002	1,000	0,025	-0,826	0,214	-1,285	
-8,0	-0,009	0,05284		-0,071	0,328	0,002	1,000	0,021	-0,168	0,190	-7,782	
-7,0	0,048	0,04843		-0,067	0,317	0,002	1,000	0,016	0,985	0,232	1,664	
-6,0	0,123	0,04360		-0,069	0,309	0,002	1,000	0,017	2,820	0,268	0,809	
-5,0	0,215	0,03952		-0,070	0,303	0,001	1,000	0,018	5,431	0,289	0,578	
-4,0	0,318	0,03562		-0,076	0,298	0,002	1,000	0,027	8,922	0,357	0,490	
-3,0	0,429	0,03077		-0,093	0,284	0,005	1,000	0,071	13,947	0,497	0,468	
-2,0	0,656	0,00794		-0,160	0,274	0,007	1,000	1,000	82,627	0,444	0,494	
-1,0	0,778	0,00805		-0,161	0,268	0,007	1,000	1,000	96,590	0,260	0,457	
0,0	0,897	0,00818		-0,162	0,263	0,010	1,000	1,000	109,634		0,261	0,431
1,0	1,011	0,00828		-0,164	0,258	0,023	1,000	1,000	122,184		0,262	0,412
2,0	1,125	0,00844		-0,165	0,255	0,047	1,000	1,000	133,227		0,263	0,397
3,0	1,238	0,00864		-0,167	0,251	0,082	1,000	1,000	143,274		0,264	0,385
4,0	1,350	0,00887		-0,168	0,247	0,129	1,000	1,000	152,292		0,264	0,375
5,0	1,462	0,00854		-0,170	0,227	0,998	1,000	0,998	171,263		0,265	0,366
6,0	1,562	0,01247		-0,172	0,006	0,998	1,000	0,999	125,324		0,269	0,360
7,0	1,646	0,01352		-0,173	0,003	0,998	1,000	0,999	121,725		0,274	0,355
8,0	1,710	0,01468		-0,175	0,003	0,998	1,000	0,999	116,491		0,288	0,352
9,0	1,743	0,01615		-0,177	0,001	0,998	1,000	0,999	107,899		0,044	0,352
10,0	1,694	0,01515		-0,178	0,001	0,998	0,990	0,999	111,769		0,236	0,355
11,0	1,581	0,01978		-0,179	0,000	0,999	0,956	0,999	79,961	0,244	0,363	
12,0	1,429	0,02213		-0,180	0,000	0,999	0,926	0,999	64,576	0,246	0,376	
13,0	1,253	0,02486		-0,181	0,000	0,998	0,891	0,999	50,417	0,247	0,394	
14,0	1,074	0,02801		-0,181	0,000	0,998	0,852	0,999	38,354	0,248	0,419	
15,0	0,907	0,03185		-0,181	0,000	0,998	0,811	0,999	28,480	0,249	0,450	
16,0	0,759	0,03629		-0,182	0,000	0,998	0,769	0,999	20,914	0,250	0,489	
17,0	0,632	0,04206		-0,181	0,000	0,999	0,723	0,999	15,035	0,253	0,537	
18,0	0,526	0,04935		-0,181	0,000	0,999	0,672	0,999	10,665	0,266	0,594	
19,0	0,436	0,06243		-0,178	0,000	0,998	0,592	0,999	6,989	0,268	0,659	
20,0	0,366	0,07196		-0,178	0,000	0,998	0,552	0,999	5,092	0,256	0,736	

NACA 05 20 06 Re: 10E6, Wasser

1,00007814	0,00062514
0,99736254	0,00115732
0,98924406	0,00273737
0,97580749	0,00531656
0,95719357	0,00881644
0,93359794	0,01313260
0,90526974	0,01813943
0,87250952	0,02369536
0,83566657	0,02964812
0,79513563	0,03583969
0,75135296	0,04211069
0,70479186	0,04830411
0,65595776	0,05426840
0,60538286	0,05986025
0,55362054	0,06494710
0,50123943	0,06940984
0,44881731	0,07314569
0,39693474	0,07607129
0,34616849	0,07812593
0,29708470	0,07927455
0,25023207	0,07950999
0,20613491	0,07885414
0,16307136	0,07585575
0,12393655	0,06869601
0,08967125	0,05862415
0,06065353	0,04693164
0,03713539	0,03482110
0,01926934	0,02334271
0,00712927	0,01334656
0,00072341	0,00544740
0,00000000	0,00000000
0,00475469	-0,00272710
0,01472313	-0,00271881
0,02967414	-0,00036813
0,04931915	0,00373467
0,07332107	0,00883741
0,10131176	0,01407078
0,13291863	0,01849746
0,16779803	0,02115735
0,20607984	0,02114003
0,24976793	0,02009938
0,29617866	0,01926644
0,34481452	0,01856660
0,39515357	0,01792351
0,44665423	0,01726478
0,49876057	0,01652766
0,55090792	0,01566383

0,60252883 0,01464283
0,65305923 0,01345379
0,70194478 0,01210532
0,74864704 0,01062368
0,79264962 0,00904962
0,83346404 0,00743421
0,87063531 0,00583440
0,90374726 0,00430866
0,93242746 0,00291308
0,95635189 0,00169841
0,97524902 0,00070780
0,98890354 -0,00002448
0,99715936 -0,00047373
0,99992186 -0,00062514

x/l	y/l	v/V	δ_1	δ_2	δ_3	Reδ_2	C_f	H_12	H_32	Zust.	y1
[-]	[-]	[-]	[-]	[-]	[-]	[-]	[-]	[-]	[-]	[-]	[%]
1,0001	0,0006	0,2361	0,018623	0,003569	0,009654	842,7	0,0000	5,2185	2,7052	turb.	0,0000
0,9974	0,0012	0,9553	0,005959	0,003760	0,006269	3559,3	0,0021	1,5846	1,6670	turb.	0,0031
0,9892	0,0027	0,9465	0,005121	0,003377	0,005708	3292,2	0,0024	1,5166	1,6904	turb.	0,0029
0,9758	0,0053	0,9756	0,004498	0,003059	0,005224	3062,0	0,0027	1,4704	1,7077	turb.	0,0027
0,9572	0,0088	1,0014	0,004017	0,002792	0,004802	2859,7	0,0029	1,4388	1,7203	turb.	0,0026
0,9336	0,0131	1,0243	0,003636	0,002565	0,004436	2681,2	0,0030	1,4173	1,7292	turb.	0,0026
0,9053	0,0181	1,0451	0,003310	0,002361	0,004099	2513,4	0,0031	1,4019	1,7358	turb.	0,0025
0,8725	0,0237	1,0643	0,003026	0,002176	0,003787	2354,3	0,0033	1,3909	1,7406	turb.	0,0025
0,8357	0,0296	1,0823	0,002763	0,001998	0,003485	2195,9	0,0034	1,3828	1,7442	turb.	0,0024
0,7951	0,0358	1,0992	0,002518	0,001828	0,003193	2039,0	0,0035	1,3771	1,7468	turb.	0,0024
0,7514	0,0421	1,1154	0,002283	0,001663	0,002907	1880,4	0,0035	1,3733	1,7485	turb.	0,0024
0,7048	0,0483	1,1310	0,002062	0,001504	0,002631	1723,5	0,0036	1,3711	1,7495	turb.	0,0023
0,6560	0,0543	1,1460	0,001849	0,001349	0,002360	1565,9	0,0037	1,3703	1,7498	turb.	0,0023
0,6054	0,0599	1,1608	0,001642	0,001198	0,002096	1407,8	0,0038	1,3709	1,7496	turb.	0,0023
0,5536	0,0649	1,1753	0,001441	0,001050	0,001836	1249,4	0,0039	1,3727	1,7488	turb.	0,0023
0,5012	0,0694	1,1898	0,001246	0,000906	0,001582	1091,0	0,0040	1,3762	1,7472	turb.	0,0022
0,4488	0,0731	1,2045	0,001057	0,000765	0,001334	933,0	0,0041	1,3819	1,7446	turb.	0,0022
0,3969	0,0761	1,2198	0,000873	0,000627	0,001092	775,8	0,0042	1,3921	1,7401	turb.	0,0022
0,3462	0,0781	1,2365	0,000701	0,000495	0,000857	621,8	0,0042	1,4150	1,7303	turb.	0,0022
0,2971	0,0793	1,2559	0,000556	0,000369	0,000626	472,5	0,0038	1,5065	1,6947	turb.	0,0023
0,2502	0,0795	1,2808	0,000992	0,000254	0,000385	339,9	0,0001	3,9024	1,5150	turb.	0,0186
0,2061	0,0789	1,3371	0,000451	0,000183	0,000290	256,1	0,0020	2,4672	1,5875	lam.	0,0031
0,1631	0,0759	1,4008	0,000365	0,000153	0,000245	210,7	0,0028	2,3760	1,5995	lam.	0,0027
0,1239	0,0687	1,3724	0,000307	0,000131	0,000211	171,4	0,0036	2,3409	1,6044	lam.	0,0023
0,0897	0,0586	1,3036	0,000258	0,000111	0,000178	133,8	0,0047	2,3248	1,6067	lam.	0,0021
0,0607	0,0469	1,2049	0,000210	0,000091	0,000147	98,8	0,0066	2,3062	1,6094	lam.	0,0017
0,0371	0,0348	1,0792	0,000156	0,000068	0,000110	62,6	0,0108	2,2780	1,6136	lam.	0,0014
0,0193	0,0233	0,9165	0,000091	0,000041	0,000066	27,5	0,0259	2,2356	1,6201	lam.	0,0009
0,0071	0,0133	0,6755	0,000036	0,000016	0,000026	3,0	0,0001	2,2364	1,6200	lam.	0,0141
0,0007	0,0054	0,1582	0,000001	0,000000	0,000001	0,0	0,0000	2,2364	1,6200	lam.	0,0000
0,0000	0,0000	1,2009	0,000031	0,000014	0,000022	3,8	0,0001	2,2364	1,6200	lam.	0,0141
0,0048	-0,0027	1,5370	0,000065	0,000029	0,000047	22,1	0,0322	2,2366	1,6200	lam.	0,0008
0,0147	-0,0027	1,2683	0,000079	0,000035	0,000057	54,5	0,0127	2,2652	1,6156	lam.	0,0013
0,0297	-0,0004	1,1068	0,000228	0,000105	0,000160	132,6	0,0018	2,1781	1,5333	turb.	0,0033
0,0493	0,0037	0,9962	0,000385	0,000203	0,000322	224,8	0,0024	1,8974	1,5845	turb.	0,0029
0,0733	0,0088	0,9167	0,000626	0,000341	0,000544	338,4	0,0024	1,8384	1,5979	turb.	0,0029
0,1013	0,0141	0,8600	0,000911	0,000499	0,000799	457,5	0,0023	1,8259	1,6010	turb.	0,0029
0,1329	0,0185	0,8240	0,001214	0,000674	0,001083	579,6	0,0023	1,8013	1,6070	turb.	0,0030
0,1678	0,0212	0,8108	0,001446	0,000836	0,001358	688,2	0,0024	1,7300	1,6251	turb.	0,0029
0,2061	0,0211	0,8545	0,001501	0,000935	0,001554	758,2	0,0029	1,6047	1,6614	turb.	0,0026
0,2498	0,0201	0,8921	0,001188	0,000843	0,001462	720,7	0,0041	1,4083	1,7334	turb.	0,0022
0,2962	0,0193	0,9051	0,001100	0,000820	0,001446	732,1	0,0047	1,3416	1,7634	turb.	0,0021
0,3448	0,0186	0,9119	0,001188	0,000887	0,001565	802,8	0,0046	1,3392	1,7644	turb.	0,0021
0,3952	0,0179	0,9153	0,001305	0,000973	0,001715	887,2	0,0045	1,3417	1,7632	turb.	0,0021
0,4467	0,0173	0,9170	0,001441	0,001072	0,001889	981,4	0,0044	1,3438	1,7622	turb.	0,0021
0,4988	0,0165	0,9178	0,001580	0,001175	0,002070	1077,4	0,0043	1,3446	1,7618	turb.	0,0022
0,5509	0,0157	0,9183	0,001724	0,001282	0,002259	1176,9	0,0042	1,3443	1,7620	turb.	0,0022
0,6025	0,0146	0,9188	0,001864	0,001388	0,002446	1274,5	0,0041	1,3432	1,7625	turb.	0,0022
0,6531	0,0135	0,9193	0,001998	0,001490	0,002627	1368,7	0,0041	1,3415	1,7633	turb.	0,0022
0,7019	0,0121	0,9201	0,002129	0,001589	0,002804	1461,1	0,0040	1,3394	1,7643	turb.	0,0022
0,7486	0,0106	0,9211	0,002249	0,001682	0,002969	1547,8	0,0040	1,3372	1,7654	turb.	0,0022

0,7926	0,0090	0,9222	0,002359	0,001767	0,003122	1627,9	0,0039	1,3349	1,7665	turb.	0,0023
0,8335	0,0074	0,9232	0,002462	0,001848	0,003266	1704,0	0,0039	1,3327	1,7676	turb.	0,0023
0,8706	0,0058	0,9240	0,002554	0,001919	0,003395	1772,3	0,0039	1,3308	1,7685	turb.	0,0023
0,9037	0,0043	0,9240	0,002643	0,001988	0,003517	1836,7	0,0039	1,3295	1,7692	turb.	0,0023
0,9324	0,0029	0,9229	0,002726	0,002051	0,003630	1895,6	0,0039	1,3289	1,7694	turb.	0,0023
0,9564	0,0017	0,9200	0,002810	0,002113	0,003738	1950,5	0,0038	1,3297	1,7691	turb.	0,0023
0,9752	0,0007	0,9140	0,002907	0,002182	0,003856	2007,2	0,0038	1,3327	1,7676	turb.	0,0023
0,9889	-0,0000	0,9044	0,003034	0,002265	0,003997	2070,6	0,0037	1,3393	1,7643	turb.	0,0023
0,9972	-0,0005	0,9270	0,003205	0,002372	0,004172	2145,5	0,0036	1,3511	1,7587	turb.	0,0024
0,9999	-0,0006	0,2361	0,017525	0,002319	0,009146	547,6	0,0000	7,5584	3,9446	turb.	0,0000

α	Ca	Cw	Cm 0.25		T.U.	T.L.	S.U.	S.L.	GZ	N.P.	D.P.	
[°]	[-]	[-]	[-]	[-]	[-]	[-]	[-]	[-]	[-]	[-]		
-19,0	-0,074	0,14550		-0,040	0,885	0,002	0,995	0,034	-0,512	0,276	-0,284	
-18,0	-0,082	0,13415		-0,040	0,877	0,002	0,996	0,034	-0,613	0,280	-0,231	
-17,0	-0,091	0,12235		-0,039	0,865	0,002	0,996	0,033	-0,743	0,279	-0,182	
-16,0	-0,101	0,11157		-0,039	0,849	0,002	1,000	0,033	-0,902	0,251	-0,138	
-15,0	-0,111	0,10107		-0,039	0,836	0,002	1,000	0,034	-1,101	0,269	-0,102	
-14,0	-0,123	0,09297		-0,039	0,810	0,002	1,000	0,032	-1,319	0,290	-0,065	
-13,0	-0,135	0,08431		-0,038	0,787	0,002	1,000	0,031	-1,596	0,262	-0,035	
-12,0	-0,146	0,07572		-0,038	0,757	0,002	1,000	0,031	-1,930	0,267	-0,012	
-11,0	-0,156	0,06891		-0,038	0,720	0,002	1,000	0,029	-2,268	0,290	0,007	
-10,0	-0,163	0,06237		-0,038	0,680	0,002	1,000	0,027	-2,612	0,318	0,019	
-9,0	-0,163	0,05608		-0,037	0,635	0,002	1,000	0,026	-2,911	0,159	0,021	
-8,0	-0,153	0,05092		-0,037	0,585	0,002	1,000	0,024	-3,012	0,173	0,010	
-7,0	-0,129	0,04700		-0,035	0,531	0,002	1,000	0,017	-2,746	0,213	-0,020	
-6,0	-0,087	0,04236		-0,034	0,471	0,002	1,000	0,016	-2,056	0,253	-0,144	
-5,0	-0,026	0,03904		-0,035	0,236	0,002	1,000	0,017	-0,669	0,277	-1,093	
-4,0	0,052	0,03523		-0,038	0,216	0,002	1,000	0,025	1,471	0,297	0,984	
-3,0	0,142	0,03159		-0,043	0,200	0,004	1,000	0,044	4,504	0,428	0,553	
-2,0	0,295	0,00782		-0,081	0,189	0,006	1,000	1,000	37,679	0,394	0,526	
-1,0	0,412	0,00786		-0,082	0,183	0,007	1,000	1,000	52,456	0,257	0,449	
0,0	0,530	0,00792		-0,083	0,178	0,009	1,000	1,000	66,889	0,258	0,406	
1,0	0,645	0,00802		-0,084	0,175	0,012	1,000	1,000	80,499	0,258	0,380	
2,0	0,759	0,00814		-0,085	0,171	0,030	1,000	1,000	93,336	0,259	0,362	
3,0	0,873	0,00826		-0,086	0,169	0,069	1,000	1,000	105,684		0,260	0,348
4,0	0,986	0,00712		-0,087	0,166	0,998	1,000	0,999	138,536		0,260	0,338
5,0	1,098	0,00745		-0,088	0,164	0,998	1,000	0,999	147,341		0,261	0,330
6,0	1,205	0,00801		-0,089	0,147	0,998	1,000	0,999	150,340		0,263	0,324
7,0	1,298	0,01091		-0,091	0,005	0,998	1,000	0,999	118,940		0,266	0,320
8,0	1,375	0,01190		-0,092	0,003	0,998	1,000	0,999	115,585		0,271	0,317
9,0	1,433	0,01302		-0,094	0,002	0,998	1,000	0,999	110,050		0,296	0,315
10,0	1,439	0,01438		-0,095	0,002	0,998	1,000	0,999	100,040		0,189	0,316
11,0	1,384	0,01636		-0,097	0,001	0,998	1,000	0,999	84,557	0,241	0,320	
12,0	1,263	0,01911		-0,097	0,000	0,999	0,921	0,999	66,123	0,253	0,326	
13,0	1,112	0,02367		-0,096	0,000	0,999	0,819	0,999	46,984	0,257	0,336	
14,0	0,949	0,03150		-0,094	0,000	0,999	0,693	0,999	30,138	0,259	0,349	
15,0	0,801	0,04066		-0,093	0,000	0,999	0,600	0,999	19,700	0,258	0,366	
16,0	0,670	0,05206		-0,092	0,000	0,999	0,516	0,999	12,863	0,259	0,387	
17,0	0,559	0,06452		-0,091	0,000	0,999	0,449	0,999	8,658	0,259	0,413	
18,0	0,466	0,07859		-0,090	0,000	0,999	0,392	0,999	5,933	0,265	0,443	
19,0	0,389	0,09701		-0,088	0,000	0,999	0,329	0,999	4,011	0,265	0,477	
20,0	0,328	0,11243		-0,088	0,000	0,999	0,294	0,999	2,917	0,258	0,518	

NACA 05 40 06 Re: 10E6, Wasser

1,00010357	0,00062143
0,99739546	0,00126622
0,98929849	0,00317757
0,97589470	0,00628758
0,95732049	0,01048672
0,93376598	0,01562901
0,90547405	0,02153861
0,87273870	0,02801726
0,83590292	0,03485223
0,79535580	0,04182397
0,75152905	0,04871349
0,70489285	0,05530890
0,65595126	0,06141130
0,60523722	0,06683993
0,55330711	0,07143683
0,50073500	0,07507103
0,44810650	0,07764244
0,39597224	0,07908255
0,34447730	0,07884159
0,29469707	0,07660598
0,24722720	0,07254527
0,20263579	0,06689925
0,16145283	0,05996677
0,12416078	0,05209100
0,09118680	0,04364178
0,06289718	0,03499601
0,03959394	0,02651710
0,02151348	0,01853494
0,00882684	0,01132752
0,00164089	0,00510536
0,00000000	0,00000000
0,00383722	-0,00374053
0,01302556	-0,00593903
0,02743000	-0,00667336
0,04686060	-0,00607133
0,07107742	-0,00430692
0,09979620	-0,00159517
0,13269439	0,00181427
0,16941656	0,00564518
0,20957896	0,00960428
0,25277280	0,01339223
0,29856628	0,01671589
0,34650570	0,01930142
0,39611607	0,02090767
0,44736503	0,02172459
0,49926500	0,02215119

0,55122135	0,02212306
0,60267447	0,02160507
0,65306573	0,02059576
0,70184380	0,01912656
0,74847095	0,01725873
0,79242945	0,01507842
0,83322769	0,01269027
0,87040613	0,01021036
0,90354295	0,00775894
0,93225942	0,00545361
0,95622497	0,00340331
0,97516182	0,00170331
0,98884911	0,00043133
0,99712644	-0,00035528
0,99989643	-0,00062143

x/l	y/l	v/V	δ_1	δ_2	δ_3	Reδ_2	C_f	H_12	H_32	Zust.	y1
[-]	[-]	[-]	[-]	[-]	[-]	[-]	[-]	[-]	[-]	[-]	[%]
1,0001	0,0006	0,2494	0,012510	0,002274	0,006408	567,1	0,0000	5,5024	2,8185	turb.	0,0000
0,9974	0,0013	0,9890	0,003737	0,002395	0,004011	2325,4	0,0024	1,5604	1,6751	turb.	0,0029
0,9893	0,0032	0,9709	0,003239	0,002152	0,003648	2149,3	0,0027	1,5049	1,6947	turb.	0,0027
0,9759	0,0063	0,9985	0,002829	0,001932	0,003304	1982,7	0,0030	1,4642	1,7101	turb.	0,0026
0,9573	0,0105	1,0260	0,002501	0,001741	0,002997	1831,0	0,0032	1,4366	1,7212	turb.	0,0025
0,9338	0,0156	1,0520	0,002210	0,001560	0,002698	1679,6	0,0034	1,4166	1,7295	turb.	0,0024
0,9055	0,0215	1,0766	0,001959	0,001396	0,002422	1535,0	0,0035	1,4033	1,7352	turb.	0,0024
0,8727	0,0280	1,0997	0,001731	0,001241	0,002158	1391,7	0,0036	1,3950	1,7388	turb.	0,0023
0,8359	0,0349	1,1215	0,001523	0,001095	0,001906	1250,2	0,0038	1,3912	1,7405	turb.	0,0023
0,7954	0,0418	1,1419	0,001324	0,000951	0,001654	1103,9	0,0039	1,3929	1,7398	turb.	0,0023
0,7515	0,0487	1,1612	0,001143	0,000814	0,001413	960,2	0,0039	1,4037	1,7351	turb.	0,0023
0,7049	0,0553	1,1792	0,000982	0,000682	0,001174	816,0	0,0038	1,4389	1,7205	turb.	0,0023
0,6560	0,0614	1,1961	0,000883	0,000561	0,000939	680,5	0,0032	1,5733	1,6717	turb.	0,0025
0,6052	0,0668	1,2119	0,001549	0,000481	0,000735	589,8	0,0003	3,2227	1,5288	lam.	0,0084
0,5533	0,0714	1,2270	0,001391	0,000444	0,000680	551,2	0,0004	3,1333	1,5326	lam.	0,0075
0,5007	0,0751	1,2416	0,001277	0,000408	0,000625	512,7	0,0004	3,1286	1,5328	lam.	0,0072
0,4481	0,0776	1,2565	0,001008	0,000360	0,000559	460,1	0,0007	2,8013	1,5533	lam.	0,0053
0,3960	0,0791	1,2793	0,000825	0,000317	0,000499	411,3	0,0011	2,5977	1,5719	lam.	0,0043
0,3445	0,0788	1,2955	0,000723	0,000286	0,000451	370,9	0,0013	2,5300	1,5797	lam.	0,0039
0,2947	0,0766	1,2978	0,000642	0,000258	0,000409	333,5	0,0015	2,4898	1,5847	lam.	0,0036
0,2472	0,0725	1,2922	0,000573	0,000233	0,000369	297,8	0,0018	2,4646	1,5878	lam.	0,0034
0,2026	0,0669	1,2798	0,000509	0,000208	0,000330	262,0	0,0021	2,4488	1,5898	lam.	0,0031
0,1615	0,0600	1,2610	0,000447	0,000183	0,000292	226,8	0,0024	2,4389	1,5911	lam.	0,0029
0,1242	0,0521	1,2362	0,000387	0,000159	0,000253	191,7	0,0029	2,4320	1,5920	lam.	0,0026
0,0912	0,0436	1,2054	0,000326	0,000134	0,000214	157,1	0,0035	2,4237	1,5931	lam.	0,0024
0,0629	0,0350	1,1679	0,000259	0,000108	0,000172	120,7	0,0047	2,4101	1,5950	lam.	0,0021
0,0396	0,0265	1,1210	0,000190	0,000080	0,000128	84,6	0,0071	2,3739	1,5999	lam.	0,0017
0,0215	0,0185	1,0572	0,000117	0,000052	0,000083	49,5	0,0140	2,2633	1,6159	lam.	0,0012
0,0088	0,0113	0,9517	0,000082	0,000036	0,000059	24,7	0,0283	2,2514	1,6176	lam.	0,0008
0,0016	0,0051	0,6804	0,000025	0,000011	0,000018	4,4	0,0001	2,2364	1,6200	lam.	0,0141
0,0000	0,0000	0,3565	0,000001	0,000000	0,000001	0,0	0,0000	2,2364	1,6200	lam.	0,0000
0,0038	-0,0037	1,0951	0,000024	0,000011	0,000017	4,7	0,0001	2,2364	1,6200	lam.	0,0141
0,0130	-0,0059	1,1106	0,000064	0,000029	0,000046	26,3	0,0269	2,2414	1,6192	lam.	0,0009
0,0274	-0,0067	1,0742	0,000170	0,000067	0,000105	74,1	0,0063	2,5511	1,5773	lam.	0,0018
0,0469	-0,0061	1,0367	0,000310	0,000111	0,000172	119,0	0,0028	2,7952	1,5536	lam.	0,0027
0,0711	-0,0043	1,0029	0,000457	0,000156	0,000240	161,2	0,0017	2,9371	1,5432	lam.	0,0035
0,0998	-0,0016	0,9731	0,000615	0,000201	0,000309	201,9	0,0011	3,0561	1,5363	lam.	0,0043
0,1327	0,0018	0,9469	0,000802	0,000251	0,000384	243,9	0,0007	3,2000	1,5296	lam.	0,0053
0,1694	0,0056	0,9241	0,001013	0,000300	0,000458	284,4	0,0004	3,3702	1,5238	lam.	0,0067
0,2096	0,0096	0,9047	0,001248	0,000350	0,000531	323,2	0,0002	3,5688	1,5191	lam.	0,0090
0,2528	0,0134	0,8888	0,001503	0,000399	0,000604	360,7	0,0001	3,7691	1,5163	lam.	0,0131
0,2986	0,0167	0,8768	0,001646	0,000445	0,000675	395,6	0,0001	3,6963	1,5172	lam.	0,0120
0,3465	0,0193	0,8694	0,001644	0,000485	0,000739	425,2	0,0003	3,3901	1,5233	lam.	0,0084
0,3961	0,0209	0,8711	0,001594	0,000517	0,000793	449,2	0,0005	3,0851	1,5350	lam.	0,0065
0,4474	0,0217	0,8772	0,001440	0,000529	0,000825	460,4	0,0008	2,7238	1,5601	lam.	0,0050
0,4993	0,0222	0,8774	0,001357	0,000535	0,000845	469,5	0,0010	2,5349	1,5792	lam.	0,0044
0,5512	0,0221	0,8774	0,001432	0,000560	0,000882	491,2	0,0009	2,5580	1,5764	lam.	0,0046
0,6027	0,0216	0,8776	0,001502	0,000584	0,000919	512,1	0,0009	2,5741	1,5745	lam.	0,0048
0,6531	0,0206	0,8786	0,001559	0,000605	0,000952	531,0	0,0008	2,5762	1,5743	lam.	0,0049

0,7018	0,0191	0,8803	0,001598	0,000623	0,000982	547,6	0,0008	2,5642	1,5757	lam.	0,0049
0,7485	0,0173	0,8828	0,001622	0,000638	0,001007	561,7	0,0008	2,5416	1,5784	lam.	0,0049
0,7924	0,0151	0,8861	0,001632	0,000649	0,001027	573,5	0,0009	2,5123	1,5819	lam.	0,0048
0,8332	0,0127	0,8899	0,001631	0,000658	0,001043	582,9	0,0009	2,4802	1,5859	lam.	0,0048
0,8704	0,0102	0,8940	0,001624	0,000664	0,001055	590,5	0,0009	2,4472	1,5900	lam.	0,0047
0,9035	0,0078	0,8982	0,001612	0,000667	0,001064	596,5	0,0009	2,4164	1,5940	lam.	0,0046
0,9323	0,0055	0,9020	0,001599	0,000669	0,001069	601,3	0,0010	2,3894	1,5976	lam.	0,0045
0,9562	0,0034	0,9050	0,001590	0,000671	0,001074	605,3	0,0010	2,3694	1,6004	lam.	0,0045
0,9752	0,0017	0,9068	0,001588	0,000673	0,001078	609,1	0,0010	2,3593	1,6017	lam.	0,0045
0,9888	0,0004	0,9082	0,001599	0,000677	0,001084	613,7	0,0010	2,3624	1,6013	lam.	0,0045
0,9971	-0,0004	0,9469	0,001603	0,000679	0,001087	616,5	0,0010	2,3621	1,6013	lam.	0,0045
0,9999	-0,0006	0,2494	0,002452	0,000678	0,001289	169,0	0,0000	3,6177	1,9027	lam.	0,0000

α	Ca	Cw	Cm 0.25		T.U.	T.L.	S.U.	S.L.	GZ	N.P.	D.P.	
[°]	[-]	[-]	[-]	[-]	[-]	[-]	[-]	[-]	[-]	[-]		
-19,0	-0,105	0,14707		-0,057	0,896	0,002	1,000	0,041	-0,717	0,259	-0,293	
-18,0	-0,118	0,13592		-0,057	0,883	0,001	1,000	0,040	-0,865	0,233	-0,236	
-17,0	-0,131	0,12347		-0,058	0,869	0,002	1,000	0,041	-1,063	0,239	-0,190	
-16,0	-0,146	0,11347		-0,058	0,849	0,001	1,000	0,039	-1,289	0,260	-0,143	
-15,0	-0,163	0,10238		-0,057	0,830	0,001	1,000	0,038	-1,588	0,248	-0,103	
-14,0	-0,180	0,09361		-0,058	0,806	0,001	1,000	0,038	-1,918	0,248	-0,071	
-13,0	-0,196	0,08445		-0,058	0,780	0,002	1,000	0,037	-2,324	0,271	-0,043	
-12,0	-0,211	0,07667		-0,057	0,755	0,002	1,000	0,034	-2,747	0,303	-0,020	
-11,0	-0,220	0,06904		-0,056	0,722	0,002	1,000	0,031	-3,184	0,473	-0,006	
-10,0	-0,220	0,06285		-0,055	0,688	0,002	1,000	0,026	-3,500	0,073	0,001	
-9,0	-0,207	0,05723		-0,054	0,655	0,001	1,000	0,023	-3,610	0,232	-0,011	
-8,0	-0,176	0,05110		-0,054	0,612	0,001	1,000	0,023	-3,439	0,305	-0,058	
-7,0	-0,125	0,04453		-0,058	0,563	0,002	1,000	0,033	-2,817	0,842	-0,216	
-6,0	-0,070	0,00744		-0,117	0,500	0,004	1,000	1,000	-9,378	0,623	-1,424	
-5,0	0,033	0,00744		-0,118	0,426	0,005	1,000	1,000	4,480	0,258	3,781	
-4,0	0,145	0,00731		-0,119	0,409	0,006	1,000	1,000	19,846	0,258	1,067	
-3,0	0,260	0,00724		-0,120	0,394	0,007	1,000	1,000	35,962	0,258	0,709	
-2,0	0,377	0,00721		-0,120	0,372	0,010	1,000	1,000	52,305	0,258	0,569	
-1,0	0,494	0,00716		-0,122	0,357	0,027	1,000	1,000	68,990	0,259	0,496	
0,0	0,609	0,00707		-0,123	0,346	0,083	1,000	1,000	86,171	0,259	0,451	
1,0	0,723	0,00720		-0,124	0,315	0,142	1,000	1,000	100,384		0,259	0,421
2,0	0,837	0,00735		-0,125	0,289	0,227	1,000	1,000	113,856		0,260	0,399
3,0	0,949	0,00662		-0,126	0,251	0,998	1,000	0,999	143,360		0,260	0,383
4,0	1,053	0,00904		-0,127	0,008	0,998	1,000	0,999	116,507		0,261	0,370
5,0	1,148	0,00972		-0,128	0,005	0,998	1,000	0,999	118,157		0,263	0,361
6,0	1,229	0,01046		-0,129	0,004	0,998	1,000	0,998	117,493		0,266	0,355
7,0	1,292	0,01133		-0,130	0,003	0,998	1,000	0,999	114,100		0,280	0,351
8,0	1,310	0,01231		-0,132	0,002	0,998	1,000	0,999	106,384		0,141	0,350
9,0	1,270	0,01350		-0,133	0,002	0,999	1,000	0,999	94,112	0,230	0,355	
10,0	1,188	0,01507		-0,134	0,001	0,998	1,000	0,999	78,876	0,388	0,363	
11,0	0,875	0,06649		-0,078	0,001	0,999	0,065	0,999	13,168	0,378	0,339	
12,0	0,775	0,07375		-0,081	0,001	0,998	0,074	0,999	10,504	-0,416	0,355	
13,0	0,794	0,02310		-0,132	0,001	0,998	0,819	0,999	34,392	-0,149	0,417	
14,0	0,657	0,03274		-0,128	0,001	0,998	0,657	0,999	20,081	0,372	0,444	
15,0	0,499	0,08912		-0,096	0,001	0,998	0,153	0,999	5,600	0,320	0,443	
16,0	0,441	0,07403		-0,113	0,001	0,998	0,318	0,999	5,953	0,269	0,505	
17,0	0,358	0,11292		-0,094	0,001	0,999	0,121	0,999	3,167	0,435	0,512	
18,0	0,302	0,13315		-0,087	0,001	0,998	0,079	0,999	2,267	0,330	0,537	
19,0	0,258	0,14736		-0,086	0,001	0,999	0,071	0,999	1,750	0,232	0,582	
20,0	0,222	0,15763		-0,088	0,001	0,998	0,079	0,999	1,411	0,180	0,647	

NACA 05 50 06 Re: 10E6, Wasser

1,00012355	0,00061777
0,99742127	0,00135235
0,98934093	0,00352686
0,97596201	0,00705493
0,95741686	0,01179718
0,93389045	0,01756771
0,90561974	0,02414242
0,87289253	0,03126873
0,83604579	0,03867600
0,79546326	0,04608601
0,75157231	0,05322311
0,70484034	0,05982378
0,65577051	0,06564517
0,60489703	0,07047278
0,55278005	0,07412723
0,50000000	0,07647013
0,44715134	0,07740896
0,39483567	0,07690105
0,34365405	0,07495606
0,29419869	0,07163695
0,24704412	0,06705878
0,20273822	0,06138514
0,16179348	0,05482177
0,12467904	0,04760764
0,09181390	0,04000344
0,06356163	0,03227812
0,04022673	0,02469426
0,02205252	0,01749319
0,00922039	0,01088094
0,00185001	0,00501599
0,00000000	0,00000000
0,00362809	-0,00392337
0,01263201	-0,00655821
0,02689097	-0,00794404
0,04622782	-0,00815079
0,07041297	-0,00727812
0,09916911	-0,00545429
0,13217614	-0,00283406
0,16907591	0,00040466
0,20947652	0,00406571
0,25295588	0,00794122
0,29906467	0,01181958
0,34732896	0,01549479
0,39725264	0,01877622
0,44832019	0,02149842
0,50000000	0,02352987
0,55174841	0,02478015
0,60301466	0,02520450

0,65324649	0,02480568
0,70189630	0,02363275
0,74842769	0,02177689
0,79232200	0,01936484
0,83308481	0,01655042
0,87025230	0,01350484
0,90339726	0,01040673
0,93213495	0,00743229
0,95612860	0,00474629
0,97509451	0,00249422
0,98880667	0,00079587
0,99710062	-0,00025973
0,99987645	-0,00061777

x/l	y/l	v/V	δ_1	δ_2	δ_3	Reδ_2	C_f	H_12	H_32	Zust.	y1
[-]	[-]	[-]	[-]	[-]	[-]	[-]	[-]	[-]	[-]	[-]	[%]
1,0001	0,0006	0,2494	0,012510	0,002274	0,006408	567,1	0,0000	5,5024	2,8185	turb.	0,0000
0,9974	0,0013	0,9890	0,003737	0,002395	0,004011	2325,4	0,0024	1,5604	1,6751	turb.	0,0029
0,9893	0,0032	0,9709	0,003239	0,002152	0,003648	2149,3	0,0027	1,5049	1,6947	turb.	0,0027
0,9759	0,0063	0,9985	0,002829	0,001932	0,003304	1982,7	0,0030	1,4642	1,7101	turb.	0,0026
0,9573	0,0105	1,0260	0,002501	0,001741	0,002997	1831,0	0,0032	1,4366	1,7212	turb.	0,0025
0,9338	0,0156	1,0520	0,002210	0,001560	0,002698	1679,6	0,0034	1,4166	1,7295	turb.	0,0024
0,9055	0,0215	1,0766	0,001959	0,001396	0,002422	1535,0	0,0035	1,4033	1,7352	turb.	0,0024
0,8727	0,0280	1,0997	0,001731	0,001241	0,002158	1391,7	0,0036	1,3950	1,7388	turb.	0,0023
0,8359	0,0349	1,1215	0,001523	0,001095	0,001906	1250,2	0,0038	1,3912	1,7405	turb.	0,0023
0,7954	0,0418	1,1419	0,001324	0,000951	0,001654	1103,9	0,0039	1,3929	1,7398	turb.	0,0023
0,7515	0,0487	1,1612	0,001143	0,000814	0,001413	960,2	0,0039	1,4037	1,7351	turb.	0,0023
0,7049	0,0553	1,1792	0,000982	0,000682	0,001174	816,0	0,0038	1,4389	1,7205	turb.	0,0023
0,6560	0,0614	1,1961	0,000883	0,000561	0,000939	680,5	0,0032	1,5733	1,6717	turb.	0,0025
0,6052	0,0668	1,2119	0,001549	0,000481	0,000735	589,8	0,0003	3,2227	1,5288	lam.	0,0084
0,5533	0,0714	1,2270	0,001391	0,000444	0,000680	551,2	0,0004	3,1333	1,5326	lam.	0,0075
0,5007	0,0751	1,2416	0,001277	0,000408	0,000625	512,7	0,0004	3,1286	1,5328	lam.	0,0072
0,4481	0,0776	1,2565	0,001008	0,000360	0,000559	460,1	0,0007	2,8013	1,5533	lam.	0,0053
0,3960	0,0791	1,2793	0,000825	0,000317	0,000499	411,3	0,0011	2,5977	1,5719	lam.	0,0043
0,3445	0,0788	1,2955	0,000723	0,000286	0,000451	370,9	0,0013	2,5300	1,5797	lam.	0,0039
0,2947	0,0766	1,2978	0,000642	0,000258	0,000409	333,5	0,0015	2,4898	1,5847	lam.	0,0036
0,2472	0,0725	1,2922	0,000573	0,000233	0,000369	297,8	0,0018	2,4646	1,5878	lam.	0,0034
0,2026	0,0669	1,2798	0,000509	0,000208	0,000330	262,0	0,0021	2,4488	1,5898	lam.	0,0031
0,1615	0,0600	1,2610	0,000447	0,000183	0,000292	226,8	0,0024	2,4389	1,5911	lam.	0,0029
0,1242	0,0521	1,2362	0,000387	0,000159	0,000253	191,7	0,0029	2,4320	1,5920	lam.	0,0026
0,0912	0,0436	1,2054	0,000326	0,000134	0,000214	157,1	0,0035	2,4237	1,5931	lam.	0,0024
0,0629	0,0350	1,1679	0,000259	0,000108	0,000172	120,7	0,0047	2,4101	1,5950	lam.	0,0021
0,0396	0,0265	1,1210	0,000190	0,000080	0,000128	84,6	0,0071	2,3739	1,5999	lam.	0,0017
0,0215	0,0185	1,0572	0,000117	0,000052	0,000083	49,5	0,0140	2,2633	1,6159	lam.	0,0012
0,0088	0,0113	0,9517	0,000082	0,000036	0,000059	24,7	0,0283	2,2514	1,6176	lam.	0,0008
0,0016	0,0051	0,6804	0,000025	0,000011	0,000018	4,4	0,0001	2,2364	1,6200	lam.	0,0141
0,0000	0,0000	0,3565	0,000001	0,000000	0,000001	0,0	0,0000	2,2364	1,6200	lam.	0,0000
0,0038	-0,0037	1,0951	0,000024	0,000011	0,000017	4,7	0,0001	2,2364	1,6200	lam.	0,0141
0,0130	-0,0059	1,1106	0,000064	0,000029	0,000046	26,3	0,0269	2,2414	1,6192	lam.	0,0009
0,0274	-0,0067	1,0742	0,000170	0,000067	0,000105	74,1	0,0063	2,5511	1,5773	lam.	0,0018
0,0469	-0,0061	1,0367	0,000310	0,000111	0,000172	119,0	0,0028	2,7952	1,5536	lam.	0,0027
0,0711	-0,0043	1,0029	0,000457	0,000156	0,000240	161,2	0,0017	2,9371	1,5432	lam.	0,0035
0,0998	-0,0016	0,9731	0,000615	0,000201	0,000309	201,9	0,0011	3,0561	1,5363	lam.	0,0043
0,1327	0,0018	0,9469	0,000802	0,000251	0,000384	243,9	0,0007	3,2000	1,5296	lam.	0,0053
0,1694	0,0056	0,9241	0,001013	0,000300	0,000458	284,4	0,0004	3,3702	1,5238	lam.	0,0067
0,2096	0,0096	0,9047	0,001248	0,000350	0,000531	323,2	0,0002	3,5688	1,5191	lam.	0,0090
0,2528	0,0134	0,8888	0,001503	0,000399	0,000604	360,7	0,0001	3,7691	1,5163	lam.	0,0131
0,2986	0,0167	0,8768	0,001646	0,000445	0,000675	395,6	0,0001	3,6963	1,5172	lam.	0,0120
0,3465	0,0193	0,8694	0,001644	0,000485	0,000739	425,2	0,0003	3,3901	1,5233	lam.	0,0084
0,3961	0,0209	0,8711	0,001594	0,000517	0,000793	449,2	0,0005	3,0851	1,5350	lam.	0,0065
0,4474	0,0217	0,8772	0,001440	0,000529	0,000825	460,4	0,0008	2,7238	1,5601	lam.	0,0050
0,4993	0,0222	0,8774	0,001357	0,000535	0,000845	469,5	0,0010	2,5349	1,5792	lam.	0,0044
0,5512	0,0221	0,8774	0,001432	0,000560	0,000882	491,2	0,0009	2,5580	1,5764	lam.	0,0046
0,6027	0,0216	0,8776	0,001502	0,000584	0,000919	512,1	0,0009	2,5741	1,5745	lam.	0,0048
0,6531	0,0206	0,8786	0,001559	0,000605	0,000952	531,0	0,0008	2,5762	1,5743	lam.	0,0049
0,7018	0,0191	0,8803	0,001598	0,000623	0,000982	547,6	0,0008	2,5642	1,5757	lam.	0,0049
0,7485	0,0173	0,8828	0,001622	0,000638	0,001007	561,7	0,0008	2,5416	1,5784	lam.	0,0049
0,7924	0,0151	0,8861	0,001632	0,000649	0,001027	573,5	0,0009	2,5123	1,5819	lam.	0,0048
0,8332	0,0127	0,8899	0,001631	0,000658	0,001043	582,9	0,0009	2,4802	1,5859	lam.	0,0048